| 简明量子科技丛书 |

通幽洞微

量子论创立者的智慧乐章

成素梅 —— 主编

成素梅　程　瑞 —— 著

上海科学技术文献出版社
Shanghai Scientific and Technological Literature Press

图书在版编目（CIP）数据

通幽洞微：量子论创立者的智慧乐章 / 成素梅，程瑞
著 . —上海：上海科学技术文献出版社，2023（2025.1重印）
（简明量子科技丛书）
ISBN 978-7-5439-8782-1

Ⅰ . ①通⋯ Ⅱ . ①成⋯②程⋯ Ⅲ . ①量子力学
Ⅳ . ① O413.1

中国国家版本馆 CIP 数据核字（2023）第 037543 号

选题策划：张　树
责任编辑：王　珺
封面设计：留白文化

通幽洞微：量子论创立者的智慧乐章
TONGYOUDONGWEI: LIANGZILUN CHUANGLIZHE DE ZHIHUI YUEZHANG
成素梅　主编　成素梅　程　瑞　著
出版发行　上海科学技术文献出版社
地　　址：上海市淮海中路 1329 号 4 楼
邮政编码：200031
经　　销：全国新华书店
印　　刷：商务印书馆上海印刷有限公司
开　　本：720mm×1000mm　1/16
印　　张：10.5
字　　数：181 000
版　　次：2023 年 4 月第 1 版　2025 年 1 月第 2 次印刷
书　　号：ISBN 978-7-5439-8782-1
定　　价：58.00 元
http://www.sstlp.com

总序

成素梅

当代量子科技由于能够被广泛应用于医疗、金融、交通、物流、制药、化工、汽车、航空、气象、食品加工等多个领域，已经成为各国在科技竞争和国家安全、军事、经济等方面处于优势地位的战略制高点。

量子科技的历史大致可划分为探索期（1900—1922），突破期（1923—1928），适应、发展与应用期（1929—1963），概念澄清、发展与应用期（1964—1982），以及量子技术开发期（1983—现在）等几个阶段。当前，量子科技正在进入全面崛起时代。我们今天习以为常的许多技术产品，比如激光器、核能、互联网、卫星定位导航、核磁共振、半导体、笔记本电脑、智能手机等，都与量子科技相关，量子理论还推动了宇宙学、数学、化学、生物、遗传学、计算机、信息学、密码学、人工智能等学科的发展，量子科技已经成为人类文明发展的新基石。

"量子"概念最早由德国物理学家普朗克提出，现在已经衍生出三种不同却又相关的含义。最初的含义是指分立和不连续，比如，能量子概念指原子辐射的能量是不连续的；第二层含义泛指基本粒子，但不是具体的某个基本粒子；第三层含义是作为形容词或前缀使用，泛指量子力学的基本原理被应用于不同领域时所导致的学科发展，比如量子化学、量子光学、量子生物学、量子密码学、量子信息学等。[①]量子理论的发展不仅为我们提供了理解原子和亚原子世界的概念框架，带来了前所未有的技术应用和经济发展，而且还扩展到思想与文化领域，导致了对人类的世界观和宇宙观的根本修正，甚至对全球政治秩序产生着深刻的影响。

但是，量子理论揭示的规律与我们的常识相差甚远，各种误解也借助网络的力量充斥各方，甚至出现了乱用"量子"概念而行骗的情况。为了使没有物理学基础

[①] 施郁.揭开"量子"的神秘面纱［J］.人民论坛·学术前沿，2021，（4）：17.

的读者能够更好地理解量子理论的基本原理和更系统地了解量子技术的发展概况，突破大众对量子科技"知其然而不知其所以然"的尴尬局面，上海科学技术文献出版社策划和组织出版了本套丛书。丛书起源于我和张树总编辑在一次学术会议上的邂逅。经过张总历时两年的精心安排以及各位专家学者的认真撰写，丛书终于以今天这样的形式与读者见面。本套丛书共由六部著作组成，其中，三部侧重于深化大众对量子理论基本原理的理解，三部侧重于普及量子技术的基础理论和技术发展概况。

《量子佯谬：没有人看时月亮还在吗》一书通过集中讲解"量子鸽笼"现象、惠勒延迟选择实验、量子擦除实验、"薛定谔猫"的思想实验、维格纳的朋友、量子杯球魔术等，引导读者深入理解量子力学的基本原理；通过介绍量子强测量和弱测量来阐述客观世界与观察者效应，回答月亮在无人看时是否存在的问题；通过描述哈代佯谬的思想实验、量子柴郡猫、量子芝诺佯谬来揭示量子测量和量子纠缠的内在本性。

《通幽洞微：量子论创立者的智慧乐章》一书立足科学史和科学哲学视域，追溯和阐述量子论的首创大师普朗克、量子论的拓展者和尖锐的批评者爱因斯坦、量子论的坚定守护者玻尔、矩阵力学的奠基者海森堡、波动力学的创建者薛定谔、确定性世界的终结者玻恩、量子本体论解释的倡导者玻姆，以及量子场论的开拓者狄拉克在构筑量子理论大厦的过程中所做出的重要科学贡献和所走过的心路历程，剖析他们在新旧观念的冲击下就量子力学基本问题展开的争论，并由此透视物理、数学与哲学之间的相互促进关系。

《万物一弦：漫漫统一路》系统地概述了至今无法得到实验证实，但却令物理学家情有独钟并依旧深耕不辍的弦论产生与发展过程、基本理论。内容涵盖对量子场论发展史的简要追溯，对引力之谜的系统揭示，对标准模型的建立、两次弦论革命、弦的运动规则、多维空间维度、对偶性、黑洞信息悖论、佩奇曲线等前沿内容的通俗阐述等。弦论诞生于20世纪60年代，不仅解决了黑洞物理、宇宙学等领域的部分问题，启发了物理学家的思维，还促进了数学在某些方面的研究和发展，是目前被物理学家公认为有可能统一万物的理论。

《极寒之地：探索肉眼可见的宏观量子效应》一书通过对爱因斯坦与玻尔之争、贝尔不等式的实验检验、实数量子力学和复数量子力学之争、量子达尔文主义等问题的阐述，揭示了物理学家在量子物理世界如何过渡到宏观经典世界这个重要问题上展开的争论与探索；通过对玻色－爱因斯坦凝聚态、超流、超导等现象的描述，阐明了在极度寒冷的环境下所呈现出的宏观量子效应，确立了微观与宏观并非泾渭分明的观点；展望了由量子效应发展起来的量子科技将会突破传统科技发展的瓶颈和赋能未来的发展前景。

《量子比特：一场改变世界观的信息革命》一书基于对"何为信息"问题的简要回答，追溯了经典信息学中对信息的处理和传递（或者说，计算和通信技术）的发展历程，剖析了当代信息科学与技术在向微观领域延伸时将会不可避免地遇到发展瓶颈的原因所在，揭示了用量子比特描述信息时所具有的独特优势，阐述了量子保密通信、量子密码、量子隐形传态等目前最为先进的量子信息技术的基本原理和发展概况。

《量子计算：智能社会的算力引擎》一书立足量子力学革命和量子信息技术革命、人工智能的发展，揭示了计算和人类社会生产力发展、思维观念变革之间的密切关系，以及当前人工智能发展的瓶颈；分析了两次量子革命对推动人类算力跃迁上新台阶的重大意义；阐释了何为量子、量子计算以及量子计算优越性等概念问题，描述了量子算法和量子计算机的物理实现及其研究进展；展望了量子计算、量子芯片等技术在量子人工智能时代的应用前景和实践价值。

概而言之，量子科技的发展，既不是时势造英雄，也不是英雄造时势，而是时势和英雄之间的相互成就。我们从侧重于如何理解量子理论的三部书中不难看出，不仅量子论的奠基者们在 20 世纪 20 年代和 30 年代所争论的一些严肃问题至今依然没有得到很好解答，而且随着发展的深入，科学家们又提出了值得深思的新问题。侧重概述量子技术发展的三部书反映出，近 30 年来，过去只是纯理论的基本原理，现在变成实践中的技术应用，这使得当代物理学家对待量子理论的态度发生了根本性变化，他们认为量子纠缠态等"量子怪物"将成为推动新技术的理论纲领，并对此展开热情的探索。由于量子科技基本原理的艰深，每本书的作者在阐述各自的主题时，为了对问题有一个清晰交代，在内容上难免有所重复，不过，这些重复恰好让读者能够从多个视域加深对量子科技的总体理解。

在本套丛书即将付梓之前，我对张树总编辑的总体策划，对各位专家作者在百忙之中的用心撰写和大力支持，对丛书责任编辑王珺的辛勤劳动，以及对"中国科协 2022 年科普中国创作出版扶持计划"的资助，表示诚挚的感谢。

2023 年 2 月 22 日于上海

目录

・Contents・

目录

导言

在科学发展史上，两次物理学革命相继颠覆了人类对世界的认知。第一次物理学革命肇始于哥白尼提出的日心说，经过开普勒和伽利略的推动，完成于牛顿力学的建立，奠定了发展经典自然科学的基础。第二次物理学革命发轫于再次颠覆人类认知的两大理论：相对论和量子力学。相对论由于依然保留了决定论、因果性、定域性等经典概念，因而在物理学家之间没有引发观念之争；相比之下，量子力学由于在物理内容、思想观念以及技术应用等各个方面都有悖于这些经典概念，因而更具有颠覆性。量子力学正是在不断抛弃经典认知、不断深化量子化观念的进程中发展起来的。

然而，量子物理学家对经典观念的颠覆，虽然群策群力，却并非一帆风顺。他们之间的观念之争，虽然异常激烈，却共同谱写了量子论的智慧乐章。普朗克开创性地提出了能量量子化假设，却在将其融入经典概念框架的努力失败之后，无可奈何地说，它是一个"幸亏猜中了的定律"；爱因斯坦率先运用普朗克的量子化思想成功说明了光电效应现象，支持了德布罗意的物质波假说，却在量子力学的形式体系建立之后，成为其坚定的反对者；玻尔认为微观世界与宏观世界遵守不同定律，就像亚里士多德认为月上世界和月下世界遵守不同定律，或者笛卡尔将存在划分为物质和精神一样；海森堡和玻恩捍卫量子化观念；而薛定谔和德布罗意拥护波动说；如此等等，不一而足。

在量子力学体系建立接近百年后的今天，新一代物理学家已经将量子化观念拓展到化学、生物等其他自然科学领域，乃至经济、哲学、管理等哲学社会科学领域。这表明，量子化观念日益深入人心。曾经在第一代量子物理学家中引起激烈争论的量子纠缠现象，现在已经从曾经用来质疑量子力学完备性的锐利武器，变成了发展量子通信的物理资源；蕴含着量子纠缠现象的态叠加原理，也已成为量子计算等技术的理论基础，从中诞生了量子密码学、量子纠缠理论、量子信息、调控技术、量子精密测量、量子模拟等新领域与新技术，掀起了第二次量子革命，成为第四次技术革命和经济发展的新引擎。

毋庸置疑，量子力学属于典型的从 0 到 1 的科学突破，是第一代量子物理学家集体智慧的结晶，是物理学的洞察力、数学的创造力和哲学的批判力最惊人的融合。正是在这种意义上，海森堡指出，科学家的工作都以哲学看法为基础，他们的哲学态度决定了工作所能达到的高度；石里克认为"伟大的科学家也总是哲学家"；玻恩评论称"理论物理学是真正的哲学"；意大利理论物理学家卡尔罗·罗维利则论证说："正像最好的科学紧密联系着哲学一样，最好的哲学也紧密联系着科学。"

这表明，新的科学突破必然蕴含着新的世界观，而且，越是具有原创性、革命性以及越远离常识和经典概念框架，就越是难以令人接受。量子世界观不仅是对人类认知的洗礼，而且是科学创新的典范。因此，为了使没有物理学基础的读者对量子世界观有更加深入的理解，对颠覆性的科学创新过程有更加直观的感受，我们有必要深入到量子力学的开创者和奠基人的科研实践中，揭示他们怎样突破固有思维的束缚，如何打破传统框架的约束或传统观念的"绑架"，最终合奏出量子乐章的智慧交响曲。

本着这样的精神，本书选取八位量子论的重要创立者，围绕他们各自的量子力学思想展开阐述，从科学史、科学哲学和物理学基本问题等视域考察他们在量子世界里所展现出的智慧和物理学天赋，内容涵盖他们的家庭背景、兴趣爱好、对量子论的产生发展做出的科学贡献，以及他们关于物理学基础问题的争论等各个方面，尽可能以通俗易懂的语言来论证：在量子论的创立过程中，既不是时势造英雄，也不是英雄造时势，而是时势和英雄的相互成就。下面让我们共同走进这八位量子英雄的创新世界。

第一章

量子论的首创大师
——普朗克

LIANGZILUN DE SHOUCHUANG DASHI

——PULANGKE

◎图 1-1　普朗克

马克斯·普朗克是著名的德国物理学家。他在 1900 年创造性地提出了能量量子化假设和后来以他的名字命名的普朗克公式，成为颠覆经典物理学的新概念框架的孕育者。在量子化假设基础上建立起来的量子理论，成为开创科学新时代的激发器，拉开了量子世界的帷幕，更是在 20 世纪后半叶成为推进第三次技术革命的转角石和深化第四次技术革命的新引擎。

那么，普朗克是如何选择他的学术研究方向的？如何能够抓住历史机遇来提出如此极具革命性意义的"量子化"概念？他提出在当时看来非常"离经叛道"的新概念之后，又经历了怎样的心路历程？这种极具原创性的科学贡献在当时物理学家中间产生了怎样的反响？对这些问题的回答构成了本章的主要内容。

一、音乐相伴的物理人生

普朗克出身于德国北部基尔市的一个高级知识分子家族。他的曾祖父是哲学家莱布尼兹直系门徒的学生，曾在哥廷根大学担任神学教授长达 50 年之久。他的祖父承袭了曾祖父的事业，同样成为哥廷根大学的神学家。而他的父亲则一反家族中对于宗教戒律的强烈热爱（"热爱宗教戒律"有些片面，这应该只是神学中的一部分），成为慕尼黑大学的法学教授。他的母亲出身于牧师家庭。普朗克是家中的第六个儿子，出生于 1858 年 4 月 23 日。[①]

普朗克父亲深厚的学术造诣和较高的社会地位以及优越的家庭氛围给普朗克提供了良好的成长环境，使他从小受到了极佳的家庭教育和学校教育。普朗克的幼年是在基尔市度过的，1867 年，由于父亲工作的变动，普朗克一家迁往慕尼黑生活。普朗克帅气、精神，从小爱好音乐和文学，具有非凡的音乐才华和专业的钢琴演奏技

---

① ［德］J. L. 海耳布朗. 正直者的困境：作为德国科学发言人的马克斯·普朗克［M］. 刘兵译. 上海：东方出版中心，1997：1.

能。学生时代的普朗克不但担任学校合唱团的第二指挥，还曾为教授家中音乐晚会上的一些歌曲和歌剧谱曲，成年后也曾与爱因斯坦等人一起演奏过三重奏。[①]

普朗克对数学和物理学的迷恋萌生于中学时代。他在慕尼黑的马克西米利安文理中学读书时，遇到了他的科学启蒙老师——数学家奥斯卡·冯·米勒。当时米勒为学生讲授天文学、力学和数学，普朗克在米勒老师的诱导与激发下迷恋上了数学和物理学。普朗克在 1874 年进入慕尼黑大学读本科时，由于热衷于物理世界的奇奥，向往着进入物理学金碧辉煌的大厦，所以选择了物理学而不是音乐作为自己的专业追求。普朗克把他对大学专业的选择解释为他"生命中最崇高的科学追求"，这一选择使他一步步登上物理学的巅峰，成为量子力学的创始人，成就了他与音乐相伴的精彩物理人生。

◎图 1-2 少年时代的普朗克

◎图 1-3 青年时代的普朗克

普朗克的工作主要是在慕尼黑大学、基尔大学和柏林大学从事物理学的教学和研究，同时也参与大学管理。他在德国和国际物理学界享有崇高的学术声望，曾担任过柏林大学校长。在两次世界大战之间，普朗克成为德国科学首席发言人，1930 年到 1937 被提任为皇家学会会长。后来这个学会改名为马克斯·普朗克科

[①] ［德］J. L. 海耳布朗. 正直者的困境：作为德国科学发言人的马克斯·普朗克［M］. 刘兵译. 上海：东方出版中心，1997：30.

学促进会，简称"马普学会"，直到今天，这个学会仍然在德国科学技术的发展中起着决定性的作用。该学会下设有物理学与技术部、生物与医学部、人文与社会科学部，拥有80多个机构，遍及德国各地，是世界著名的非盈利性独立研究组织，这足以佐证普朗克在德国科学界的学术地位。1957至1971年，德国官方印制的2马克硬币使用了普朗克的肖像，1983年，为了纪念普朗克诞辰125周年，又发行了5马克纪念硬币。这一事件也从侧面反映了德国政府对科学家的尊重。

◎图1-4　普朗克纪念币，5马克　　　◎图1-5　普朗克纪念币，2马克

爱因斯坦充分肯定普朗克在能量量子化方面的工作，认为没有普朗克的工作，"就不可能有以后几年热学的巨大成就。从这些工作出发，对各种研究成果、理论和新发展的问题（这些问题是在提到'量子'一词时浮现在物理学家面前的，它们使得物理学家的生活既活跃，又烦恼）形成了内容丰富的综合"。[①]普朗克于1947年离世，享年89岁。在位于哥廷根市的一处公墓内的一块简朴的矩形墓碑上面镌刻着他的名字，下面的墓志铭是普朗克常数。这简单的一行数字不仅记载了普朗克对人类最大的科学贡献，而且代表了后人对他率先提出的能量子假设的高度肯定。

二、兴趣引导的学术选择

普朗克进入物理学领域学习时，正逢19世纪末，其时经典物理学大厦金碧辉

---

① ［美］爱因斯坦. 爱因斯坦文集（第一卷）［M］. 许良英、范岱年编译. 北京：商务印书馆，1976：69.

煌，牛顿力学占有至高无上的地位，任何理论都难以与之匹敌，力学、热学、光学、电学、声学等与生活息息相关的理论体系熠熠生辉，闪烁着那个时代最顶端的科学智慧，并且为其他自然科学学科的发展奠定了理论基础。经典物理学描述的是连续运动，诸如能量、时间、长度、动量之类的物理量都是"连续"存在的。微积分的成功应用，更使人们对连续的自然观深信不疑。

普朗克正是在这种背景下选择进入物理学专业学习。据他本人回忆，当时，他的老师菲利普·冯·约里劝告他，物理学已经是一门高度发展的、几乎是尽善尽美的学科，在能量守恒定律的发现之后，物理学作为一个完整的体系，已经建立得足够牢固，几乎达到了像几何学那样完美的程度。[1] 这意味着，普朗克选择物理学专业并不是一种好的选择，因为很难有新的发现。20 年之后的 1894 年，物理学家迈克尔逊也持有相同的看法，认为物理学"宏大基础的大多数原理已被坚实地确立，进一步的进展，主要靠将这些原理严格运用于出现于我们细察下的一切现象之中"。[2]

这些看法在今天看来是幼稚的或过分乐观的，却反映了当时的物理学家对经典物理学发展的完善程度所持有的一种普遍态度与坚定信念。然而令人欣慰的是，普朗克并没有选择听从约里老师的劝告，而是听从自己内心兴趣的召唤，选择先掌握已有的经典理论，并希望自己能够继续深化它们，巩固牛顿所建立的王朝。正是这样的选择才使他有机会打破经典的物理学原有概念框架，成为量子物理学的第一位开门人。普朗克曾自述道，他确定自己的研究方向所运用的方法是"审慎地考虑前进的每一步，然后，如果你相信你能承担对之所负的责任的话，就不让任何东西阻挡你的前进"。[3] 普朗克之所以在重要的关键问题上不轻易改变自己做出的选择，是因为他坚持受内在动力的驱使而踏实工作。[4] 这一点在普朗克对博士论文研究主题的选择上明确地体现出来。

[1] 转引自［德］弗里德里希·赫尔内克.原子时代的先驱者［M］.徐新民等译.北京：科学技术文献出版社，1981：113.
[2] 转引自［丹］赫尔奇·克劳.量子时代［M］.洪定国译.长沙：湖南科学技术出版社，2009：3.
[3] ［德］J.L.海耳布朗.正直者的困境：作为德国科学发言人的马克斯·普朗克［M］.刘兵译.上海：东方出版中心，1997：5.
[4] ［德］J.L.海耳布朗.正直者的困境：作为德国科学发言人的马克斯·普朗克［M］.刘兵译.上海：东方出版中心，1997：9.

　　普朗克在 1879 年 21 岁时以"论机械热学第二定律"为题进行了论文答辩，获得慕尼黑大学的哲学博士学位。普朗克在《科学自传》中回顾他的博士学位论文的选题时说，他当时感兴趣的是与能量原理有关的论文，他很认真钻研了克劳修斯的作品。克劳修斯基于"热量不是自动地从一个冷的物体移入热的物体中"这一假定，推导出对热学第二定律的证明，他的讲义条理清晰并且简洁易懂，极富启发性，但克劳修斯的这个假定是在批判当时占优势的热质说的基础上得出的。热质说把热量从高温过渡到低温看成是与重量从高处下落到低处的情形完全一样，但普朗克指出，这个在当时根深蒂固的看法是错误的。

　　普朗克澄清了这一观念。在研读克劳修斯论文的过程中他发现，克劳修斯的假定需要一个特别的说明，"因为这个假说不只是应该表示：热量不是直接从一个冷的物体移入热的物体里；并且它也应当指出：我们不可能有任何办法，将热量从一个冷的物体搬入热的物体里，而在自然界里不留下任何一种充当补偿的变化"。①

◎图 1-6　克劳修斯

　　克劳修斯的假说事实上是为热传导过程中的不可逆问题提出了一种理解。在普朗克看来，判断一个过程是否可逆，只与系统的初态和终态的性质有关，而与这个过程的路程种类无关，所以，在一个不可逆过程中，终态在某种意义上比初态更优越，就是说，自然界对终态具有较大的"偏爱"。于是，普朗克把克劳修斯提出的熵作为这种"偏爱"程度的一个量度，得出定律："在每一个自然过程里，所有参与过程的物体的熵，其总和总是增加的。"普朗克把这一点看成是第二定律的意义。他说："在一八七九年所完成的慕尼黑大学博士论文，就是上面的这些推论加以整理而成的。"②

　　接着，普朗克指出，他的这篇论文在物理学界产生的影响等于零。原因在于，在当时的物理学家中，还没有一位物理学家能够真正地了解他的博士论文的内容，他们之所以让他的博士论文通过答辩，大概只是因为他们了解普朗克在实验与数学

① ［德］M.普朗克.科学自传［M］.林书闵译.北京：龙门联合书局出版，1955：3.
② ［德］M.普朗克.科学自传［M］.林书闵译.北京：龙门联合书局出版，1955：4.

方面的工作，认识这个人而已。并且，就连这个题目相关领域的物理学家们对他的论文也不感兴趣，更谈不上有所称赞。[1]

　　但是，普朗克并没有因此而放弃对熵的继续研究，而是凭着坚定的信念，深信这项任务是有意义的。后来，他进一步把熵增加原理看成是与能量守恒原理一样的普适性原理，也就是说，该原理普遍适用，毫无例外。普朗克的这一观点与提出熵概念的波尔兹曼的看法不同。在波尔兹曼看来，熵只代表概率，允许有例外情形。后来，普朗克在解决黑体辐射问题时，改变了他的看法，接受了玻尔兹曼的观点。普朗克对熵与概率关系的关注为他通往量子化道路架设了一个阶梯。

三、能量量子化假设

　　能量量子化假设是普朗克在研读克劳修斯和玻尔兹曼二人的熵公式以及熵增加原理的基础上，为了解决当时棘手的"黑体辐射问题"而提出的。"黑体辐射问题"引发了当时被物理学家称为漂浮在物理学上空的两朵乌云中的一朵——"紫外灾难"；另一朵乌云则是电磁波的假想介质"以太"的存在无法被实验验证的问题，这个问题催生了爱因斯坦在 1905 年创立的狭义相对论。

　　"熵"（Entropy）在希腊语中是"变化"的意思，在热力学中是用来度量系统内分子热运动的无序程度的一个概念。"熵"是态函数，也就是说，熵是自然界中有些过程可以发生，有些过程不可以发生的根本原因。比如一盆刚烧开的热水，我们感受到它周围的空气都是热的，这个过程中热量悄然从热水里扩散到周围空气中。实际生活中，我们并未见到冷水自己变热，熵代表了热系统自发演化的方向。熵具有可加性，其变化只与系统的起始状态有关，与过程无关。"熵增加原理"是指，在孤立系统中进行的自然过程总是向着熵增加的方向演化，当系统处于平衡态时熵拥有最大值。因此，熵也体现了一个系统自发演化的不可逆性和时间的不可逆性。

　　"黑体"是物理学家基尔霍夫在 1860 年提出的一个理想化的光源。它在冷却时能够吸收所有落在其上面的辐射而不反射任何光线，并且对所有颜色（每一种颜色与光的某一特定波长相对应）都是如此。但如果我们对它逐步加热，它将发出辐

---

① ［德］M.普朗克.科学自传［M］.林书闰译.北京：龙门联合书局出版，1955：5.

射。首先是不可见的红外线，接着发出红色的光，随着温度的不断升高，颜色由橘黄变为黄色再变为蓝色，最后变为白色。1895 年，物理学家维恩提出，"黑体"可以用一个带小孔的辐射空腔来实现。一年之后，物理学家通过空腔辐射实现了对黑体辐射强度的定量测量，黑体的辐射形成了某种连续的光谱线，被称为"黑体辐射曲线"。这种曲线的形状像一座光滑小山的轮廓，随着黑体温度的升高，山峰的位置会从长波向短波移动。

"黑体辐射问题"是指，物理学家根据 19 世纪现有的物理学理论无法对上述实验现象作出一致性的说明，或者说无法提出一个普适的定律来计算黑体辐射的整个能量分布。当时的物理学家提出了两个定律：一个定律是维恩从麦克斯韦－玻尔兹曼的受热物体的分子分布定律出发，总结出的维恩能量分布定律；另一个是瑞利和金斯从统计力学出发，应用统计推理得到的瑞利－金斯能量分布定律。前者在短波区与实验结果相符，后者在长波区与实验结果相符。所谓"紫外灾难"是指，当辐射波长接近紫外光时，根据瑞利－金斯定律计算出的辐射能量为无限大，即在紫色端发散，从而与实验事实极其不符的一个物理事件，用来形容经典物理学在解决黑体辐射问题上所陷入的困境。

普朗克从 1896 年开始转向热辐射的经典研究。仅在 1897 年到 1900 年的三年之间，他就在德国的《物理年鉴》上发表了 6 篇有关不可逆辐射过程的论文。1900 年，他在研究热辐射正常光谱中的能量分布的过程中，以基尔霍夫定律和维恩辐射定律为依据，以当时测定黑体辐射的实验数据为基础，凭借他在热力学研究方面无与伦比的鉴别力，基于经典电动力学和熵增加原理，在维恩和瑞利－金斯公式之间利用内插法建立了一个具有普遍意义的黑

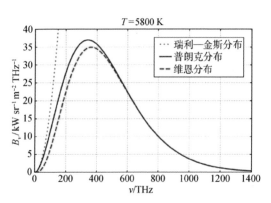

◎图 1-7　维恩分布、瑞利－金斯分布和普朗克分布的对照。瑞利－金斯分布只在频率接近 0 的很小范围内同实验相符[1]

① 曹泽贤 . 黑体辐射公式的多种推导及其在近代物理构建中的意义（Ⅲ）[J]. 物理，2022，51 卷（1）：41.

体辐射公式。根据这个公式计算辐射能量时，全波段范围内计算得出的结果都与实验测量数据相符合，而且测量方法越精细，量度越准确，从而说明了黑体曲线的正式形状并且避免了"紫外灾难"。这个辐射公式所描述的内容被称为"普朗克辐射定律"，揭示了每一个特定温度下物体发出的热辐射（或电磁辐射）在不同频率的能量分布情况。

　　普朗克的辐射定律之所以能够与所有可靠的测量结果相吻合，是因为利用了两个经验性的普适常数，一个是玻尔兹曼常数，另一个就是"作用量子"或"普朗克常数"，并且假定，黑体不能随意发射任意数量的辐射，而是只能发射有确定大小的能量子，即所谓的"量子"，同样，也只能吸收分立的能量子，而不能吸收量值介于两个能量子之间的能量。也就是说，在辐射波的发射和吸引过程中，物体的能量变化是不连续的，物体通过分立的跳跃不连续地改变它们的能量，能量的大小只能取某个最小能量子的整数倍，比如，ε，2ε，3ε……绝对不可能是 1.2ε 或 1.5ε 等。这个最小能量子等于普朗克常数 h 与辐射频率的乘积，即，$\varepsilon=h\nu$。

　　黑体光谱的每一部分的总能量是由相应于那一部分光谱的频率辐射的所有能量子组成。普朗克当时的观念是：光和所有其他种类的电磁辐射过去总被看成是连续的波列，而它们实际上是由一个个能量包组成的，每个能量包有着完全确定的能量。普朗克把这些能量包称为"能量子"（或一般地称之为辐射量子）。[1] 在量子力学提出之前，这个能量量子化假设曾一度成为物理学家爱恨交加的一个核心假设，伽莫夫后来评价说："只有迈克尔逊－莫雷实验所导致的革新可以与之比拟。"[2] 然而，普朗克在为他的辐射定律很好地解决了黑体辐射问题而深感欣慰时，却始终无法理解该定律的物理意义，更没有意识到能量量子化假设所具有的革命性价值，反而只将其当作一种纯形式的假设，并在很长一段时间内力图将能量子概念引入电磁辐射的经典图像中。

① ［美］乔治·伽莫夫.物理学发展史［M］.高士圻译.侯德彭校.北京：商务印书馆，1981：218—219.

② ［美］乔治·伽莫夫.物理学发展史［M］.高士圻译.侯德彭校.北京：商务印书馆，1981：220.

四、无奈的妥协

从词源与语义上讲，"量子"（quantum）概念来源于拉丁语"quantus"，意思是"多少"（how much），意指一个不变的固定量。在量子力学中最初是特指一个基本的能量单位或一份很小的不变的能量，意指电磁波的辐射不是连续的，而是一份一份地辐射出去的，这样的一份能量叫作"能量子"，大小等于普朗克常数 h 和被研究系统的辐射频率的乘积（即 $\varepsilon=h\nu$）。普朗克常数 h 也被称为"量子常数"或"作用量子"，是一个固定不变的量。在物理学史上，很多定律和常数是以提出者的名字来命名的，普朗克常数也是如此。h 这个字母取自拉丁语"Hiete"的第一个字母，Hiete 是"帮助"的意思。[1]

在科学史上，许多定律都包含有基本常数。这些常数由于与所测量对象的时间、地点、材料以及仪器等无关，因而具有确定的数值或具有不变性，所以，通常也被称为"基本常数"。在这些常数中，有些常数反映了物质的性质，比如，牛顿引力常数、水的沸点、固体的比热、物质的膨胀系数、真空中的磁导率，等等，还有少数常数具有革命性的意义，量子常数或普朗克常数就是其中之一。就像光速 c 代表了物体运动的极限速度，并表明，当物体的运动速度接近于光速时，要用狭义相对论力学来描述物体的状态一样，普朗克常数也有极限的意义，在 h 不能被忽略不计时，就需要考虑量子效应，需要用量子理论来描述对象的变化规律。这是在量子论创立时期所确立的普遍认识。但后来情况有所变化，在温度极低或粒子密度极大（即超低温或高压）等某些特殊条件下，由大量粒子组成的宏观系统也会表现出量子效应，比如超流性、超导电性、自发磁化、约瑟夫逊效应等。

---

[1] Arthur Edward Ruark and Harold Clayton Urey, *Atoms, Molecules and Quanta,* New York and London: McGraw-Hill Book Company, Inc., 1930, p.12. 关于作用量子的解释所引用的这个文献，是本书作者之一在 2012 年 5 月到 8 月受国家留学基金的资助在时任馆长芬·奥瑟鲁德（F. Aaserud）的邀请下访问玻尔文献馆时，一位同期到访的西班牙量子物理学家推荐的。这本书是当时欧洲国家最通用的量子力学教材。原文是：The theory deals with processes in which energy is interchanged by atomic systems in definite particels, instead of continuously, and it takes its name from this circumstance. The word quantum comes from Latin quantus, meaning how much. It signifies a fixed amount of and manifold or extent. H="Hiete" means Help。

在物理学的发展史上，普朗克的"量子"概念引发的革命，足以与牛顿的"引力"概念导致的革命比肩。众所周知，万有引力定律的提出，不只是标志着自古希腊以来思辨科学的结束，而且也使得以此为核心的经典物理学范式实质性地影响了近代哲学的发展。同样，"量子假设"的提出也不只是标志着经典科学时代的结束，其对哲学的影响是到目前为止的所有其他学科都无法比拟的。"量子假设"在科学思想史上第一次打破了人们长期以来形成的关于"自然界不作跳跃"的连续性观念，确立了自然界存在着跃进式变化的观念，也为信息技术时代的到来提供了理论支柱和思想基础。

1919 年，德国物理学家、量子力学的重要创始人之一索末菲在他的《原子构造和光谱线》一书中最早将普朗克正式提出量子假设的 1900 年 12 月 14 日确定为"量子理论的诞辰日"。普朗克也多次强调，虽然"作用量子"概念的提出还没有建立起真正的量子理论，但是，这一天仍然应该被视作是奠定了量子论基础的日子。[①] 后来，物理学界就普遍把这一天看成是量子论的诞生日，也视其为自然科学新纪元的开端。

然而，物理学家们把 1900 年 12 月 14 日称为量子论的诞生日，并不意味着他们就接受了量子假设带来的不连续性思想。事实上，当时包括普朗克本人在内的许多物理学家并没有因为量子概念的提出，而马上接受量子不连续性观念。科学史学家和科学哲学家库恩在 1978 年出版的《黑体辐射与量子不连续性（1894—1912）》[②] 一书中，专门详细地考察了普朗克的工作对确立量子不连续性思想所起的作用。他基于大量详尽史实的考察得出结论：虽然普朗克于 1900 年就提出了量子假设，可是直到几年之后，他本人才接受了量子化的不连续性思想。库恩的这部著作是一本地地道道的考察量子论的早期概念发展史之作，与他在 1962 年出版的影响深远的《科学革命的结构》一书中阐述的范式论思想没有任何关系。库恩在撰写《黑体辐射与量子不连续性（1894—1912）》一书的十多年前，曾花费了三年左右的时间对当时健在的许多量子物理学家进行了口头采访。这些采访记录，为研究量子力学史

---

① ［德］弗里德里希·赫尔内克. 原子时代的先驱者［M］. 徐新民等译. 北京：科学技术文献出版社，1981：125.

② T. Kuhn, *Black-Body Theory and the Quantum Discontinuity (1894-1912)*, Oxford: Oxford University Press.

和量子物理学家的个人思想提供了宝贵的第一手材料。[①] 这些材料表明，量子假设的提出与接受量子化的不连续性思想并非同步。

普朗克认为："纵使是人们承认了这个公式的绝对正确性与适用性，这个辐射公式依然只具有一个形式上的意义，因为人们只将它看作是一条幸亏猜中了的规律而已。"[②] 在这里，普朗克所说的"幸亏猜中了的规律"意味着，这个规律既不是逻辑推理的结果，更不是能够被作出明确的因果阐述的定律。为此，普朗克在提出能量量子化假设之后，为了解释作用量子在物理学中所占的地位，"就设法把这个作用量子 h 引入经典理论的范畴里。但是在所有这样的尝试里面，这个量都显得笨重、巨大、顽固、刚愎，总没办法将它挤进去的"。他表示："只要我还允许将这个量看作无限小，就是说遇到较大的能量与较长的周期时，则样样都好，什么都是对的。可是一到普遍情形，则总有地方有漏洞，出现有裂缝。我们过渡到愈快的振动，则这个裂缝变大，就愈令人注意。由于一切去填补这个漏洞，接上这个裂缝的尝试都失败了，都流产了。""我的这种徒劳无功的尝试延续有好几年；我连续地这样空搞了好些年，浪费了我许多劳力。"[③]

普朗克这些努力遭到失败之后，不得不无可奈何地肯定说："作用量子在物理学上所占的地位比起他起初倾向于作这个假说时要重要得多……作用量子在原子物理上扮演一个基本角色，并且随着这个作用量子的登台上演，在物理科学界便出现了一个新时代。这一点就再也用不着怀疑了。因为通过这个作用量子就意味着一点一直到那时为止闻所未闻的东西，它的使命就是：将莱普尼兹（Leibniz）与牛顿（Newton）发明微积分以来，我们在假设一切因果关系都是连续的这个基础上所建立起来的物理思想方法，加以彻底地改造。"[④]

普朗克对待量子假设的态度表明，物理学家在提出富有原创性的思想时，并不是像科学哲学家波普尔所认为的那样，经典物理学理论一旦被证伪，就会马上遭遇

① 库恩等人对当时的量子力学创始人进行的关于其科学思想的口头采访以微缩胶卷的形式保存下来，玻尔文献馆有一份拷贝，经过文献馆相关人员的授权就可以在电脑上观看，这是研究量子力学史与量子力学哲学的非常珍贵的一手材料，也是值得提倡的一种科学史研究方法。
② ［德］M.普朗克.科学自传［M］.林书闵译.北京：龙门联合书局，1955：20.
③ ［德］M.普朗克.科学自传［M］.林书闵译.北京：龙门联合书局，1955：22.
④ ［德］M.普朗克.科学自传［M］.林书闵译.北京：龙门联合书局，1955：22-23.

被抛弃的命运，而反过来，通常会像普朗克那样，试图尽可能地把新认识纳入经典理论。不仅如此，在量子力学建立起来之后，经典理论所隐含的哲学假设和思维惯性一直在潜移默化地支配着在其框架内成长起来的物理学家，从而进一步引发许多哲学问题。

五、艰难的诺贝尔物理学奖

与普朗克对待量子化假设的态度一样，在1905年之前，物理学界普遍把普朗克的辐射定律看成是一种数学技巧，并不认为光确实能够以量子的形式存在，或者说，并没有看出（至少普朗克自己是如此）辐射能量是以量子化的形式真实存在的。如前所述，虽然爱因斯坦在1905年在解决光电效应问题时提出的光量子假设有助于澄清能量量子化假设的意义，但事实上，一直到1908年，量子化假设依然没有得到物理学界的普遍接受。作出这一判断，理由有二：

其一，在1908年再版的《自然科学和技术史手册》中"详尽地列举了1900年全世界一百二十项发现和发明，但是压根儿没有提到普朗克的名字"。[1]

其二，1908年，虽然瑞典科学院物理学奖委员会的一位成员推荐了普朗克，并称赞他使关于自然的原子论观点变得"极为可能"，但是，在具体遴选时，出现了两种反对意见。一种反对意见认为，普朗克的公式能够成功提出是建立在维恩工作的基础上的，因而建议普朗克和维恩平分此奖，因为不论这一公式如何出色地为实验所证实，但仍然缺少令人满意的理论基础。第二种反对意见是由洛伦兹的权威在不经意间造成的。

普朗克传记作者在陈述这段历史时说，洛伦兹对普朗克的影响极大，但他的权威却在无意中帮了普朗克的倒忙。当时，洛伦兹在欧洲物理学界具有很高的学术威望，爱因斯坦对洛伦兹高超的学术造诣曾评价："从他卓越伟大的头脑中所散发出来的一切，都像一部伟大的艺术作品那样清晰美妙；人们的印象是，所有这一切得来都如此娴熟轻巧……对我个人来讲，他的意义超过了我在生命旅程中遇到的所

---

① [德]弗里德里希·赫尔内克.原子时代的先驱者[M].徐新民等译.北京：科学技术文献出版社，1981：126.

有其他人。"[1] 1908 年 4 月洛伦兹在罗马对数学家们的演讲中，证明从普通物理学中不能导出普朗克公式，这一证明使得瑞典科学院感到不知所措。而在斯德哥尔摩，基本上没有人知道普朗克提出了一种全新的、以前不可设想的思想，一种关于能量的原子化结构的思想。科学院没有将能量并入原子论范围的思想准备，结果1908 年度的诺贝尔物理学奖颁发给了发明"彩色照相干涉法"的法国物理学家加布里埃尔·李普曼，[2] 而物理学家卢瑟福获得了同年的化学奖，尽管这让许多物理学家感到极为诧异。但结果是，普朗克没有得到相应的奖项。

1910 年，普朗克在柏林大学的同事能斯特提议，有必要组织一次学术会议来专门讨论辐射和量子问题。可是，普朗克依然为他所做的工作感到不安。在普朗克看来，举行最高级别会议还为时过早，于是，他对能斯特说："与这些问题相关的事实还太少，意识到'迫切需要改革'的物理学家还人数太少。"[3]

幸运的是，能斯特并不像普朗克那么保守，他说服了比利时工业化学家和慈善家索尔维，使他相信开展一次专门研讨量子论、气体分子运动论和辐射理论之间的疑难关系的国际会议是非常迫切而重要的。索尔维因发明小苏打的新生产方法而发财，而且喜欢扮演哲学家角色并对理论物理学有着浓厚的兴趣。他接受了能斯特的建议，同意承担由 21 位欧洲物理学精英组成的审议"委员会"的费用。1911 年 11 月，在索尔维的资助下，这些物理学家聚集在布鲁塞尔召开了首届"索尔维会议"。这次会议之后，索尔维赞助 100 万比利时法郎于 1912 年创设了国际物理学机构。之后，索尔维会议不仅成为最具知名度和科学意义的世界物理精英聚会，也见证与记载了物理学家在创立量子理论的整个过程中的思想交锋与精彩辩论。

1911 年的会议由荷兰物理学家洛伦兹主持，包括普朗克、能斯特、索末菲、玛丽·居里、卢瑟福、彭加勒以及爱因斯坦等人在内的物理学家出席会议。这次会议主要邀请了欧洲的物理学家，而没有邀请来自美国的物理学家。在这次会议上，

---

① 转引自［德］J. L. 海耳布朗. 正直者的困境：作为德国科学发言人的马克斯·普朗克［M］. 刘兵译. 上海：东方出版中心，1997：22.

② ［德］J. L. 海耳布朗. 正直者的困境：作为德国科学发言人的马克斯·普朗克［M］. 刘兵译. 上海：东方出版中心，1997：22.

③ 转引自［德］J. L. 海耳布朗. 正直者的困境：作为德国科学发言人的马克斯·普朗克［M］. 刘兵译. 上海：东方出版中心，1997：23.

物理学家之间的热烈讨论为他们关注辐射与量子理论注入了兴奋剂，[①] 特别是，柏林的实验物理学家（比如能斯特等人）证实，普朗克的公式依然符合所有的事实，而且此公式向固体比热的延伸准确地再现了他们的测量。洛伦兹、爱因斯坦、索末菲等理论物理学家还明确表示"'普朗克常数'h 预示了物理学中某种全新的东西"，尽管"对于这种新颖性位于何处他们意见并不一致"。[②]

◎图1-8　第一届索尔维会议参加者合照

　　在这次会议上，爱因斯坦虽然肯定普朗克的作用量子意味着物理学中的某种新东西，但是，却对自己的光量子假设持有悲观态度，他在会上说："我坚持（光量子）概念具有暂时性质，它同已被实验证实了的波动说是无法调和的。"[③] 这是因为，普朗克的能量量子化假设与通常的波动理论有着本质上的区别。在普通的波动理论中，能量是连续变量，对于一个空腔辐射中的振子而言，其能量"可以像普通人喝啤酒那样，以任何人所希望的数量给出。在由爱因斯坦重新解释了的普朗克理论中，振子只能以某些确定的数量占有能量，就像一个酒徒只以品脱为单位来消费

① ［丹］赫尔奇·克劳．量子时代［M］．洪定国译．长沙：湖南科学技术出版社，2009：83.
② ［德］J. L. 海耳布朗．正直者的困境：作为德国科学发言人的马克斯·普朗克［M］．刘兵译．上海：东方出版中心，1997：24.
③ 转引自杨仲耆、申先甲主编．物理学思想史［M］．长沙：湖南教育出版社，1993：653.

啤酒一样。为什么自然界宁可狂饮而不一小口一小口地喝，对于物理学家来说，这成了一个根本性的问题"。①

尽管像普朗克所预料的那样，这次首届索尔维会议并没有解决会议召集者希望解决的问题，更没有产生十分重要的新见解与新学说，却为这些顶尖物理学家转变思想观念提供了一个彼此对话与相互启发的平台，他们的会议报告和展开的热烈讨论，不仅有助于在理解与接受量子理论的关键问题时达成共识，而且对普朗克而言，这是一次极其难忘的经历，他在多年以后也时常忆起。这次会议意味着在普朗克开创性工作的基础上有可能诞生一个全新的物理学领域，也表明了物理学家对普朗克工作的尊重。

普朗克在 1911 年致德国化学学会的一封信中写道："确实，大多数工作有待去做……但已经开了头：量子假说绝不会从世界上消失。……我不认为我是走得太远了，如果我说，由于这一假说，建构一种理论的基础已经奠定，这理论总有一天注定要以一种新的眼光，流入分子世界的瞬变而精细的事件之中。"②

1916 年 7 月，爱因斯坦回过头来研究量子理论的问题。在几个月中，他写了三篇这方面的论文，其中一篇提供了普朗克定律的新的推导方法。③ 也恰好是在这一年，密立根公开发表了支持爱因斯坦光量子假设的实验结果。两年后的 1918 年，德国物理学会为了纪念普朗克 60 岁生日，在 1917 年到 1918 年间担任学会主席的爱因斯坦精心地策划了一次学术会议。爱因斯坦在给索末菲的邀请信中这样写道："如果诸神给予我言谈深刻的天赋，我今夜将很高兴，因为我非常喜欢普朗克，当他看到我们大家都是多么地关心他，多么高地评价他一生的工作时，他肯定会非常愉快。"④

爱因斯坦在给其他物理学家的邀请中，将接近普朗克说成是一种快乐。在这个会议之后，索末菲在向诺贝尔奖委员会提交的一份他为普朗克 60 岁生日所写的

---

① ［德］J. L. 海耳布朗. 正直者的困境：作为德国科学发言人的马克斯·普朗克［M］. 刘兵译. 上海：东方出版中心，1997：19.

② 转引自［丹］赫尔奇·克劳. 量子时代［M］. 洪定国译. 长沙：湖南科学技术出版社，2009：85.

③ ［美］阿米尔·阿克塞尔. 上帝的方程式：爱因斯坦、相对论和膨胀的宇宙［M］. 薛密译. 上海：上海译文出版社，2014：93.

④ ［德］J. L. 海耳布朗. 正直者的困境：作为德国科学发言人的马克斯·普朗克［M］. 刘兵译. 上海：东方出版中心，1997：77.

说明中强调："物理学已经变成量子物理学。"而诺贝尔奖委员会在 1919 年报告中也坦言，在范围广泛的各个专业的物理学家提名人选中，普朗克的提名人数最多，洛伦兹、爱因斯坦、玻恩、维恩和索末菲这些大陆的著名物理学家都坚持提名普朗克。[①] 于是，委员会在 1919 年提议将 1918 年未颁发的奖项授予普朗克。普朗克才终于因量子化概念的提出获得应得的荣誉。

普朗克的获奖既标志着物理学界普遍接受了普朗克提出的量子化假设，同时也意味着物理学家们已经开始意识到，在微观领域的现象中，可能存在着与宏观现象中截然不同的规律和概念，即微观世界是量子化的或不连续的。但是，经典物理学理论所隐含的哲学假设和思维惯性，事实上一直在潜移默化地支配着在其框架内成长起来的物理学家，即使在量子力学的概念体系完整地创建起来和正在得到广泛的技术应用的今天，由此而引发的哲学争论依然在进行之中。

◎图 1-9　普朗克的墓碑

---

① ［德］J. L. 海耳布朗 . 正直者的困境：作为德国科学发言人的马克斯·普朗克［M］. 刘兵译 . 上海：东方出版中心，1997：77.

第二章

量子论的拓展者与批评者
——爱因斯坦

LIANGZILUN DE TUOZHANZHE YU PIPINGZHE

——AIYINSITAN

◎图 2-1　爱因斯坦获得诺贝尔物理学奖之后的官方肖像

阿尔伯特·爱因斯坦是 20 世纪物理学革命的开创者和奠基人，他与牛顿一样是人人皆知的著名物理学家，1999 年底，美国《时代周刊》将爱因斯坦评选为"世纪伟人"。爱因斯坦不仅独立创立了狭义相对论和广义相对论的理论体系，建立了质量与能量相互转化的质能公式和作为宇宙学研究基础的引力方程，他还是第一位受普朗克能量量子化假设启发，提出光量子概念并成功说明光电效应现象的物理学家。爱因斯坦提出的光的波粒二象性假说是量子力学建立道路上关键性的一步。然而，在量子力学的理论体系成功建立之后，爱因斯坦却从量子论的最早支持者转变为最强硬的质疑者。那么，爱因斯坦为什么在量子力学没有建立之前热衷于推动其发展，而在概念体系建立起来之后却又百般"刁难"，成为强烈的反对者？他为什么要固守"上帝不掷骰子"的哲学假设？他是量子力学隐变量解释的倡导者吗？他与玻尔之间的三大争论的真正动机是什么？对这些问题的回答构成了本章的主要内容。

一、"尘世修道院"里的科学巨人

爱因斯坦于 1879 年出生于德国乌尔姆市的一个犹太人家庭，由于从小语言表达能力欠佳，喜欢独处，因而形成了沉静的性格，并具有非凡的耐心和毅力。当时德国学校不允许学生提问题，这一规定反而使爱因斯坦养成了独立思考问题的习惯。中学时代的爱因斯坦喜欢拉丁语、音乐、数学、自然科学和哲学，小提琴演奏水平达到专业级别。出于兴趣，他阅读了大量科普读物和哲学著作，自学了欧几里得几何和高等数学，并通读了康德的哲学著作。1896 年，爱因斯坦进入瑞士苏黎世联邦理工学院，主修数学和物理学专业。这所学校是以培养工程师和技师为主的技术师范学院，偏重于实际操作的训练，使得爱因斯坦在后来创立相对论的过程中，以及与玻尔就如何理解量子力学所展开的三次大争论中，总是喜欢以设计思想实验的形式挑战哥本哈根解释。

爱因斯坦与普朗克之间的个人关系，就像是量子力学和相对论之间的关系那样复杂和令人困惑。普朗克曾高度赞扬爱因斯坦的工作，喜欢将爱因基坦的工作与哥白尼的工作相提并论。1905 年，爱因斯坦提出狭义相对论之后，普朗克成为这个理论的热情信仰者，并花了几年时间专心致力于扩充相对论。比如，普朗克在 1905 到 1906 年冬季讨论班的第一次学术报告会上，更正了爱因斯坦原始发言中的一处差错；在 1906 年的科学家与医生年会上，驳斥其他物理学家对相对论的攻击，来捍卫相对论。[①] 与普朗克追随狭义相对论的情况相反，爱因斯坦最初将普朗克评价为顽固地坚持错误的先入之见者，[②] 却在后来成为普朗克能量量子化假设的第一位拓展者，并成为使普朗克获得诺贝尔物理学奖的推动者。他们俩人不仅互为对方思想的发展者，更重要的是，他们两人分别为清除 19 世纪末漂浮在物理学上空的"两朵乌云"，做出了具有划时代意义的科学贡献。

爱因斯坦与普朗克的性格截然不同。爱因斯坦喜欢开粗俗的玩笑，当与学生和新闻记者在一起时并不鄙视这种放纵，我们在网络上可以很容易地搜索到爱因斯坦搞笑的照片；而普朗克却时时保持着知识分子的姿态，只有与同阶层的人在一起时

◎图 2-2 爱因斯坦拉小提琴

① ［德］J. L. 海耳布朗. 正直者的困境：作为德国科学发言人的马克斯·普朗克［M］. 刘兵译. 上海：东方出版中心，1997：24.

② ［德］M. 普朗克. 科学自传［M］. 林书闵译. 北京：龙门联合书局，1955：27.

才感到快乐和愉快，才会讲温和的笑话。尽管如此，他们也有共同之处。爱因斯坦与普朗克一样，都具有非凡的音乐才能。他是一名出色的小提琴手，并且终身与小提琴为伴。①

在学业上，爱因斯坦也同普朗克一样，凭着个人的兴趣有选择地学习相关课程，在大学期间，主动"刷掉了"很多不感兴趣的课，有时甚至错过大数学家闵可夫斯讲授的高等数学课。爱因斯坦忘掉闵可夫斯的授课时间，并不是因为不喜欢，而是相比之下，他更喜欢物理学。爱因斯坦逃课的主要原因有二：一是要空出时间充分利用学校的图书馆研读麦克斯韦、玻尔兹曼、赫兹等物理学家的著作，当时，他尤其着迷于电磁学领域，有时能一个人在图书馆里待上一整天；二是有时由于读书太过入迷而错过了课程。在阅读过程中，爱因斯坦显现出对权威的极大厌恶和对权威的不信任。② 一方面，这种特立独行的学习风格导致爱因斯坦在大学期间成绩平平；另一方面，也培养了他独立研究的能力。工作后，他仍保持了这一习惯，在业余时间独立钻研物理学问题，并取得了惊人的成就。

大学毕业后，爱因斯坦在长达两年的时间里应聘不到自己想要的教职岗位，最后无奈在大学同学的帮助下成为伯尔尼瑞士专利局的助理鉴定员，从事电磁发明专利申请的技术鉴定工作，并在那里一直工作到1909年。爱因斯坦在专利局工作期间，养成了立足于不同视域思考问题的习惯。这是因为，他在协助审核专利申请时，不能只是顺着申请报告的思路看待问题，更重要的是尽可能对所申请专利作出客观评价。这些工作经验深刻影响了他的物理学研究，令他形成了善于质疑、敢于批判的科研风格。

爱因斯坦最主要的科学成就是在1905年左右取得的。这足以表明爱因斯坦在专利局工作之余，对钻研物理学问题的强烈兴趣。他在自述中回忆这段生活时觉得是一种幸福。他说："总之，对于我这样的人，一种实际工作的职业就是一种绝大的幸福。因为学院生活会把一个年轻人置于这样一种被动的地位：不得不去写大量科学论文——结果是趋于浅薄，这只有那些具有坚强意志的人才能顶得住。然而大多数实际工作却完全不是这样，一个具有普通才能的人就能够完成人们所期待于他

---

① ［德］J.L.海耳布朗.正直者的困境：作为德国科学发言人的马克斯·普朗克［M］.刘兵译.上海：东方出版中心，1997：28.

② ［美］阿米尔·阿克塞尔.上帝的方程式：爱因斯坦、相对论和膨胀的宇宙［M］.薛密译.上海：上海译文出版社，2014：12.

的工作。作为一个平民，他的日常的生活并不靠特殊的智慧。如果对科学深感兴趣，他就可以在他的本职工作之外埋头研究他所爱好的问题。他不必担心他的努力会毫无结果。"[1] 因此，爱因斯坦把专利局戏称为"尘世修道院"，意指这是一项单纯的工作。

在这种称心如意的工作状态下，爱因斯坦利用业余时间研究他感兴趣的理论物理学。1905年成为爱因斯坦学术思想的丰收之年和他的超人才华大放异彩之年。在这一年，26岁的爱因斯坦在德国的《物理学年鉴》上先后发表了三篇震撼科学界的论文。这三篇论文分别涉及物理学的三个重要领域：热学、电磁学和光学。其中，第一篇《关于光的产生和转化的一个启发性观点》基于普朗克关于热辐射的量子公式，提出了关于光的本性的光量子假说，解释了另一种类型的光与物质相互作用的现象——光电效应；第二篇文章是《关于热的分子运动论所要求的静止液体中悬浮粒子的运动》，在这篇文章中，爱因斯坦阐述了布朗运动理论，并用一种新的方法确定了波尔兹曼常数，后来，爱因斯坦于1908年完成的布朗运动实验使波尔兹曼所倡导的原子论思想赢

◎图2-3 演讲中的爱因斯坦（费迪南德·施穆策摄于1921年）[2]

得了胜利，并有力地支持了自古希腊以来哲学家所坚持的唯物论的自然观；第三篇《论运动物体的电动力学》，讨论了光速测量中的种种佯谬，创立了狭义相对论，提出了后来成为制造原子弹理论根据的质能转化公式。

虽然人们通常主要把爱因斯坦的成就与相对论力学联系在一起，但是，他却是因为提出光量子假设对光电效应的圆满解释，而荣获1921年诺贝尔物理学奖。这种情况也在一定程度上表明了当时的物理学界对量子论研究的重视程度和对相对论力学的忽视程度之间的鲜明对比。

---

[1] ［美］爱因斯坦. 爱因斯坦文集（第一卷）［M］. 许良英、范岱年编译. 北京：商务印书馆，1976：46.

[2] 转自维基百科，费迪南德·施穆策，restoration.jpg，1921年。

二、光电效应与光量子假设

"光电效应"是指，在光的照射下，金属中的自由电子吸收照射光的能量之后而逸出金属表面的现象，发射出来的电子被称为"光电子"，如图 2-4 所示。

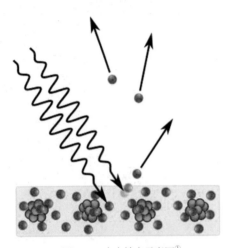

◎图 2-4　光电效应示意图[1]

◎图 2-5　物理学家赫兹

光电效应是由德国物理学家赫兹在 1887 年的实验中发现的，赫兹最大的物理学贡献是根据麦克斯韦方程组预言了电磁波的存在，今天电磁波已经成为现代生活中不可缺少的重要部分。赫兹在实验中偶然看到，当紫外线照射到金属电极上时会产生出电火花，多次实验后他得到两条规律：（1）对于特定频率的入射光而言，当它照射到金属表面时，从金属表面发射出来的光电子的能量不变，数量与照射光的强度成正比，即照射光的强度越强，发出的光电子的数目越多；（2）每一种金属都有一个极限频率或临界频率（其大小与金属材料有关），当入射光的频率大于被照射金属的极限频率或临界频率时，就会有光电子从金属表面逃逸或发射出来。如果入射光的频率小于被照射金属的极限频率或临界频率，那么，无论光的强度和照射时间如何变化，都不会有光电子发射出来。这说明，光电子的能量只与入射光的频率成正比，与入射光的强度无关。

然而，这两条简单的规律却完全不符合光的经典电磁理论的预言。按照麦克斯韦经典电磁学理论，增加光的强度意味着电磁波的振荡电力的增大，作用在金属表面附近的电子上的这一电力越强，光电子射出时具有的动量就越高。但是实

---

①转自维基百科，Ponor，Cross-wiki upload from en.wikipedia.org.

验事实却表明，即使光的强度增大百倍，发射出来的光电子的速度也是完全一样的。不仅如此，经典电磁学理论还无法解释为什么光电子的能量与入射光的频率成正比这一现象。[①]

在赫兹由于败血症于 1894 年在德国玻恩不幸早逝之后，赫兹生前的实验助手菲利普·莱纳德主动担任起解开光电效应之谜的任务。莱纳德在实验中发现，在真空环境下也能够产生光电效应。所谓"真空"是指没有任何物质存在的一个封闭空间，可以通过将玻璃容器中空气尽可能抽干来模拟真空环境。莱纳德尝试用导线将金属板连到一块电池上，竟然意外发现，当紫外光照射其中一块金属板时，整个环路产生了电流。因此，他对光电效应的理解是，被照射的金属表面释放出电子，从而产生光电效应。在紫外光照射的情况下，金属板上的部分电子能够获取足够的能量，从金属板上溢出迸射，整个回路闭合导致实验可见的"光电电流"。

光电效应轰动一时，纵使物理学大厦早已建成，但物理学家们却难以在这个框架内解释这种现象。紧接着无数物理学家重复光电效应实验，希望从实验中得出结论。研究表明：在光线的照射下，金属中的自由电子吸收照射光的能量后逸出金属表面，金属表面束缚着可自由传递或自由移动的电子。电子被认为是一种颗粒物质，它可以吸收能量。经过光的照射，金属表面的电子吸收能量后，飞离金属表面。用开玩笑的话来说，这是电子吃了光，而后逸散。

◎图 2-6　匈牙利物理学家菲利普·莱纳德

爱因斯坦于 1905 年 3 月发表的《关于光的产生和转化的一个启发性观点》一文中重点讨论了光与物质相互作用的理论。爱因斯坦把经典电磁学理论与光电效应实验之间产生矛盾的原因归结为以运用连续空间函数进行运算的光理论来解释光的产生和转化现象时所导致的。为了解决这一矛盾，爱因斯坦接受了普朗克的能量量子化假设，提出用光的能量在空间是不连续分布的猜想去解释光的产生与转化现象。他认为，光不只是像普朗克所说的那样，在发射和吸收时按照能量单元不连续地进行，而且在空间中传播也是不连续的。

① ［美］乔治·伽莫夫.物理学发展史［M］.高士圻译.侯德彭校.北京：商务印书馆，1981：221-222.

在这种思想的支配下，爱因斯坦认为，如果运用光量子的观念，认为光量子带有与其频率成正比的确定的能量，就能够很自然地解释这两条实验规律。麦克斯韦的波动理论只是对时间的平均值有效，而对瞬时的涨落则必须引入量子概念。爱因斯坦在论文中明确地写道："在我看来，如果假定光的能量不连续地分布于空间的话，那末，我们就可以更好地理解黑体辐射、光致发光、紫外线产生阴极射线以及其他涉及光的发射与转换的现象的各种观测结果。根据这种假设，从一点发出的光线传播时，在不断扩大的空间范围内能量是不连续分布的，而且是由一个数目有限的局限于空间的能量量子所组成，它们在运动中并不瓦解，并且只能整个地被吸收或发射。"[①]

爱因斯坦把这种不连续的光能量子命名为"光量子"。1926 年，美国物理学家刘易斯把"光量子"简称为"光子"。爱因斯坦的光量子假设能够很好地解释经典电磁场理论无法解释的"光电效应"。按照这种理论，光不仅像普朗克的能量子假设那样，在发射或吸收时表现出粒子性，而且在空间中传播时也表现出粒子性。在光电效应实验中，当入射光的频率大于等于金属的临界频率时，入射光中一个光量子的能量全部传递给金属中的一个电子，电子吸收这个光量子的能量之后，一部分能量用来挣脱金属对它的束缚，剩下的一部分能量变成电子离开金属表面后的能量。按照能量守恒与转化定律，电子运动的能量就等于入射光量子的能量减去电子逸出金属表面所做的功。当入射光的强度增加时，意味着具有同一频率的光量子的增多，所以，具有相同动能的电子就成比例地增多。而当入射光的频率增大时，情况就发生了变化。这时，每个光量子的能量增加了，因此把它传递给电子时，电子从金属中挣脱出来后的能量也相应地增加了。

更明确地说，爱因斯坦在他的光量子理论中引入功的概念，认为光电效应的成因是可以这么理解，电子从金属表面逃逸，需要克服金属表面的最小束缚能量做功。如果照射到金属上的光频率太低，光量子的能量太弱，那么光量子的能量不足以让电子挣脱束缚，电子很难从金属表面逃逸。这样，爱因斯坦利用光量子概念成功地解释了神秘的"光电效应"现象，并且，有力地支持了普朗克原来关于辐射能包的观念。因为普朗克的量子化保证了物质在吸收和辐射能量时能够产生正确的黑

---

① 转引自杨仲耆、申先甲主编.物理学思想史［M］.长沙：湖南教育出版社，1993：650-651.

体辐射能谱分布，而爱因斯坦直接量子化了电磁辐射，也因此量子化了光本身。[1]

三、光量子假设的实验证明

　　爱因斯坦提出的光量子假设，同普朗克提出的能量子假设一样，在刚刚提出来时，并没有得到物理学家们的认可。出现这种情况的原因自然是多方面的。但最直接的原因之一是，如果接受爱因斯坦的光量子假设，就意味着，光既具有波动性又具有粒子性。一方面，电磁波理论已经取得了巨大的成功，认为光是以波动的形式传播的，光的干涉、衍射等实验证明了这一点；但另一方面，为了理解光电效应而提出的光量子假设则认为，光是以不连续的粒子形式传播的。这种观念在当时是无法令人接受的。爱因斯坦本人也不知道应该如何摆脱这种二象性的困境，再加上，爱因斯坦与普朗克一样，在提出光量子假设之后，他自己的态度也颇为犹豫。

　　美国实验物理学家密立根则对光量子假设感到非常恼怒。于是，他不惜花费了 10 年的时间进行实验，其目标是证明爱因斯坦是错误的。然而，密立根的实验结果最终却事与愿违，反而证实了爱因斯坦在说明光电效应时提出的关于光电子能量方程的有效性，并且还证明了光量子假设中的 h 值和普朗克公式中的 h 值是完全一致的。密立根的实验不仅说服了自己，也说服了他人（及其他所有人）：爱因斯坦是正确的。[2] 密立根本人也由于对基本电荷的研究和对爱因斯坦的光电效应公式的实验证实而荣获 1923 年度的诺贝尔物理学奖。

　　密立根决定性的实验结果于 1916 年发表。他在这篇文章中写道："看来，对爱因斯坦方程的全面而严格的正确性作出绝对有把握的判断还为时过早，不过应该承认，现在的实验比过去的所有实验都更有说服力地证明了它。如果

◎图 2-7　密立根实验设备图

①［英］曼吉特·库玛尔. 量子传——究竟什么才是现实［M］. 王乔琦译. 北京：中信出版集团，2022：63.

②［英］约翰·格里宾，玛丽·格里宾. 迷人的科学风采：费恩曼传［M］. 江向东译. 上海：上海科技教育出版社，2005：34.

这个方程在所有的情况下都是正确的，那就应该把它看作是最基本的和最有希望的物理方程之一，因为它是可以确定所有的短波电磁辐射转换为热能的方程。"①

对光量子假设的另一个有力支持来自美国物理学家康普顿的工作。康普顿在1918年至1923年之间，通过设计实验，试图观察到光量子和电子像两个台球那样相互碰撞的场景。在这种类比中，有所不同的是，台球是大小一样、颜色不同的小球，而光子和电子可以被看成是质量不同的球。康普顿假定，有一只黑球（电子）静止在台球桌上，并被一根钉在桌面上的绳子束缚着，打球的人没有看到这根绳子，而想用一只白球（光量子）去碰击它，把它打到角落的球袋里。如果玩球的人以比较小的速度把球送出去，因为碰撞时有绳子拴住，他的目的就达不到。如果白球运动得较快，绳子说不定就断了，但这时绳子可能引起足够大的干扰，把黑球送到完全错误的方向。然而，如果白球的动能大大超过束缚着黑球的绳子的速度，绳子的存在实际上就起不了什么作用，两球之间碰撞的结果就会与黑球完全不受束缚的情况相同。这是物理学家伽莫夫描述康普顿实验时提供的形象化的比喻。②

康普顿基于这样的思路，选用高频X射线的高能量子做实验。X射线量子与自由电子之间的碰撞结果表明，它在许多方面的确可以看成是两个台球之间碰撞。在几乎是正碰撞的情况下，静止的球（电子）会沿碰撞方向被高速弹出，而入射的球（X射线量子）将失去其大部分能量。在斜碰撞的情况下，入射球失去的能量较少，离开其原轨道遭受的偏转也较小。在仅仅擦边的情况下，入射球实际上不遭受偏转而继续前进，只损失极少能量。用光量子的语言来说，上述情况就意味着在散射过程中，遭受大角度偏转的X射线量子将具有较少的能量，因此，具有较长的波长。康普顿的实验完全证实了光量子理论的预言，也支持了辐射能量量子化的假说。③ 正如康普顿在1923年发表的关于"康普顿效应"的论文中指出的那样，"几乎不能怀疑伦琴射线是一种量子现象了"，"验证理论的实验令人信服地表明，

① 转引自杨仲耆、申先甲主编.物理学思想史［M］.长沙：湖南教育出版社，1993：654.
② ［美］乔治·伽莫夫.物理学发展史［M］.高士圻译.侯德彭校.北京：商务印书馆，1981：225.
③ ［美］乔治·伽莫夫.物理学发展史［M］.高士圻译.侯德彭校.北京：商务印书馆，1981：225.

辐射量子不仅具有能量，而且是具有一定方向的冲量"。[1] 后来，海森堡也回忆说，康普顿效应的论文"占据了许多人的心。这篇论文强有力地表明了光量子图景的实在性"。[2]

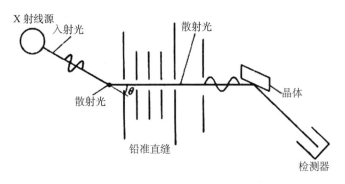

◎图 2-8　康普顿实验示意图

　　密立根的实验和康普顿效应对爱因斯坦把光看成是间断的"量子雨"或"光子流"观点的证实，或者说对光量子的实在性的证实，表明光量子理论获得了决定性的胜利。而且，1905 年爱因斯坦对普朗克提出的辐射能量量子化假设的推广应用，不仅有力地支持了普朗克的量子化观念，使普朗克的量子化观念变得更加清晰起来，而且使经典的光的波动论与粒子论在微观层面合二为一，形成了光既是波又是粒子的观点，即我们通常所说的"光的波粒二象性"的观点。

　　在光电效应的案例中，爱因斯坦提出的"光量子"概念之所以被物理学界所接受，是因为它很好地说明了"光电效应"现象；反过来说，"光电效应"现象之所以能够成为一个众所周知的科学事实，是因为爱因斯坦提出了"光量子"概念。在这里，"光量子"作为对象与"光电效应"作为事实，具有相互塑造的关系，两者既是同时成立的，又都是由"光的粒子说"建构起来的。这种事实与对象相互塑造同时确立的情况，蕴含着深刻的哲学思想。

① 转引自杨仲耆、申先甲主编.物理学思想史［M］.长沙：湖南教育出版社，1993：655.
② 转引自杨仲耆、申先甲主编.物理学思想史［M］.长沙：湖南教育出版社，1993：654.

四、捍卫严格决定论纲领

爱因斯坦作为普朗克能量量子假设最早的推广者、光电效应现象的理论解释者，以及德布罗意物质波假说的最早支持者，对量子力学概念大厦的建立居功至伟。但是，在量子力学的形式体系创建起来之后，他却义无反顾地彻底改变了他拥护量子化观念的立场，反而对量子力学的基本问题穷追不舍，围绕海森堡的不确定性关系、量子力学的自洽性和完备性问题，与玻尔展开了三次大争论。他们之间争论的根源不在于如何运用量子力学的形式体系，而在于如何理解量子力学的理论描述与外在世界之间的关系，如何理解量子力学的概率性质，归根到底，在于是否坚持严格决定论纲领。

爱因斯坦对待量子力学的基本立场，在他于 1926 年 12 月 4 日写给玻恩的信中可以体现出来。他说："量子力学固然是堂皇的。可是有一种内在的声音告诉我，它还不是那真实的东西。这理论说得很好，但是一点也没有真正使我们接受这个'恶魔'的秘密。我无论如何深信上帝不是在掷骰子。"[1] 此后，"上帝不掷骰子"的决定论信念成为爱因斯坦不接受量子力学具有实在性的标志性口号。一年之后的 1927 年 5 月 5 日，在举世瞩目的索尔维会议召开前夕（在这个会上德布罗意阐述了对波函数的导波解释，玻尔阐述了他的互补性原理），爱因斯坦在柏林举行的普鲁士科学会议的学术报告中，力图从经典物理学的视域出发，为了使薛定谔方程能够完备地确定系统的运动，重构一个含有隐变量的理论框架，来表明玻恩赋予薛定谔方程中波函数的概率解释是不必要的。

当时，爱因斯坦的报告很快引起了德国学界的关注，比如，海森堡在 1927 年 5 月 19 日写信给爱因斯坦说，他对报告内容有强烈的兴趣，因为他自己也正在思考同样的问题。爱因斯坦最初确信自己的结果是正确的，并很快分别写信给埃伦费斯特和玻恩，告诉他们自己即将发表的这一研究成果。然而，两周之后，在文章还没有被印刷之前，爱因斯坦突然打电话要求编辑撤回稿件。之后，爱因斯坦的这份手稿便销声匿迹了。爱因斯坦本人从来没有再提起过这份手稿的事情，玻恩在许多

---

① ［美］爱因斯坦. 爱因斯坦文集（第一卷）［M］. 许良英，范岱年编译. 北京：商务印书馆，1976：221.

年后说，他也不再记得此事。直到 20 世纪末，才有人在爱因斯坦文献馆中发现了被保存完好的这份手稿。根据发现者的解读，爱因斯坦放弃发表手稿的举动意味着放弃了为单个量子系统提供一个因果性解释的努力。[①] 这也许是在 1927 年的索尔维会议上，爱因斯坦把攻击目标锁定在用互补原理解释量子力学的玻尔身上，而没有过多关注德布罗意解释的原因所在。

后来，爱因斯坦分析说，量子力学已经抓住了真理的元素，将会成为未来理论基础的试金石，但对其陈述的物理解释却并没有达成共识，这种情况是古怪的。波函数与某种具体情况之间是什么联系？也就是说，波函数与一个孤立系统的单个情境之间有着怎样的联系？人们当然会假设这样的观点：只有单个观察的结果，而不是在时空中客观存在的结果，才是"真正"独立于观察行为的东西。这种实证主义的观点不需要思考被认为是"真实状态"（real state）的东西。爱因斯坦把这种努力说成"好像是在与一个幽灵进行击剑比赛"。

爱因斯坦认为，从逻辑上看，这种实证主义的观点有着无法弥补的弱点——其结果是，所有用言语表达的陈述都被宣布是无意义的。事实上，在我们的陈述中所用的独立概念和概念系统，都是人类创造的工具，它们的有效性和价值最终取决于：它们是否有助于我们方便地整理经验（证明为真）。除此之外，这些工具在有可能"说明"经验的程度上是合理的。概念和概念系统的有效性应该只站在"证明为真"的立场上来判断。这也适用于"物理实在""外部世界的实在性""一个系统的真实状态"等概念。没有理由先验地假定这些概念在逻辑上是必要的，只能证明它们是否为真，即确定它们的有效性。

在爱因斯坦看来，在量子理论建立之前，这些文字符号背后所支持的决定论纲领，随着物理思想的发展，已经获得了毋庸置疑的地位。月亮总是在空间中占有位置，与我们是否能感知到这个位置的存在无关。当人们说出对"外部世界"的物理描述时，心里想到的正是这样的描述，而且这种纲领的有效性在每一种情况下都得到了实验的确证。然而，量子力学诞生之后，玻恩对波函数的概率解释和海森堡的不确定性原理却以使物理学家确信的方式证明，这是一种错觉。这就提出了量子理论究竟是在描述什么的重要问题。

---

① Darrin W. Belousek, "Einstein's 1927 Unpublished Hidden-Variable Theory: Its Background, Context and Significance", *Stud. Hist. Phil. Mod. Phys.*, Vol. 21, No. 4, 1996, pp. 437-438.

为了回答这个问题，爱因斯坦基于事例分析了两种尝试。一是坚持薛定谔方程，放弃玻恩对波函数的概率解释。这种尝试是回到德布罗意最早提出的"导波理论"和玻姆后来进一步追求的隐变量理论。二是以薛定谔方程为基础达到对单个系统的真实描述。这是薛定谔在提出波动力学时的尝试，其理念是，认为波函数本身就是对实在的表征，而不需要玻恩的概率解释。爱因斯坦得出的结论是：如果我们接受对波函数的概率解释，那么，这个概率不是对单个系统的描述，而是对系统的系综（ensemble of systems）的描述。[①] 正是在这种意义上，爱因斯坦认为，具有统计学性质的量子力学框架没有资格作为物理学的基础理论，而是"很可能成为后一种理论的一部分，就像几何光学现在合并在波动光学里面一样：相互关系仍然保持着，但其基础将被一个包罗得更广泛的基础所加深或代替"。[②]

换句话说，在爱因斯坦看来，像静电学可以从麦克斯韦电磁学中推导出来，或者，热力学可以从经典力学中推导出来一样，量子力学也必须作为一种极限情况从未来更基础的理论中推导出来。但是，量子力学本身却不是寻找这种更基础理论的出发点，就像人们不可能从热力学回到力学的基础一样，抑或，完全可以将这个问题看成是，场物理学的基础是否可能与量子理论的事实相协调的问题。爱因斯坦的这种观点与 1927 年撤销发表关于隐变量框架的文章之举表明，在爱因斯坦的内心深处，对量子力学的理解并不是将其纳入到经典框架中那么简单，而是认为该理论意味着全新的发展。

五、坚持定域性与可分离性

量子力学典型特征除了波函数的概率解释之外，还有态叠加原理所蕴含的量子非定域性和量子纠缠。爱因斯坦从相对论立场出发，极力反对量子力学的非定域性。所谓"非定域性"是指，如果测量纠缠光子对中任意一个光子的偏振，将会影

① Albert Einstein, *Elementary Considerations on the Interpretation of the Foundations of Quantum Mechanics*, translated from the German by Dileep Karanth, pp.1-5. https://arxiv.org/PS_cache/arxiv/pdf/1107/1107.3701v1.pdf, 2023 年 2 月 6 日查询。这篇文章发表在 1953 年玻恩退休时爱丁堡大学向他赠送的一本纪念文集中。
② ［美］爱因斯坦. 爱因斯坦文集（第一卷）［M］. 许良英、范岱年编译. 北京：商务印书馆，1976：446.

响到另一个纠缠光子的偏振，这种影响的发生是在不允许两个光子之间有任何沟通或信息交流的情况下进行的，这两个光子之间的这种非定域性关联被称为"量子纠缠"，即：

区域 A 中的事件　　　　　　　　　　　　　　区域 B 中的事件

同时依赖于　　←───────────────→　　同时依赖于

区域 B 中的事件　　远离的两个区域　　区域 A 中的事件

　　爱因斯坦不接受这种非定域性特征。他在 1948 年 3 月 18 日写给玻恩的一封信中写道："不论我们把什么样的东西看成是存在（实在），它总是以某种方式限定在时间和空间之中。也就是说，空间 A 部分中的实在（在理论上）总是独立'存在'着，而同空间 B 中被看成是实在的东西无关。当一个物理体系扩展在空间 A 和 B 两个部分时，那么，在 B 中所存在的总该是同 A 中所存在的无关地独立存在着。于是在 B 中实际存在的，应当同空间 A 部分中所进行的无论哪一种量度都无关；它同空间 A 中究竟是否进行了任何量度也不相干。如果人们坚持这个纲领，那么就难以认为量子理论的描述是关于物理上实在的东西的一种完备的表示。如果人们不顾这一点，还要那样认为，那么就不得不假定，作为在 A 中的一次量度的结果，B 中物理上实在的东西要经受一次突然变化。我的物理学本能对这种观点愤愤不平。"①

　　爱因斯坦在 1954 年 1 月 12 日写给玻恩的另一封信中，再一次强调并重申了自己的观点，他说："我的断言是这样的：Ψ 函数不能认为是对体系的完备的描述，而只是一种不完备的描述。换句话说：单个体系有一些属性，它们的实在性谁也不怀疑，但是用 Ψ 函数所作的描述并没有把它们包括在内。""要是用 Ψ 函数所作的描述能够被认为是关于单个体系的物理状况的一种完备描述，那么，人们就该能够由 Ψ 函数，而且的确能够由属于一个具有宏观坐标的体系的任何 Ψ 函数，推导出'定域定理'来。"但是，事实并非如此。"因此，认为 Ψ 函数完备地描述单独一个体系的物理性状，这种概念是站不住脚的。""在我看来，'定域定理'迫使我们把

────────────

① ［美］爱因斯坦. 爱因斯坦文集（第一卷）［M］. 许良英、范岱年编译. 北京：商务印书馆，1976：443.

Ψ 函数一般地看作是关于一个'系综'的描述，而不是关于单独一个体系的完备的描述。在这种解释中，关于空间上分隔开来的体系各个部分之间的表观耦合这个悖论也就不存在了。而且它还有这样的好处：这样解释的描述是一种客观的描述，它的概念具有清晰的意义，而同观察和观察者无关。"①

1985 年，物理哲学家和爱因斯坦思想研究专家霍华德（Don Howard）认为，在爱因斯坦本人对量子力学的不完备性的论证方式中，包含着我们通常所理解的两个基本假设，即"分离性假设"和"定域作用假设"。所谓"分离性假设"是指，在空间上彼此分离开的两个系统，总是拥有各自独立的实在态；所谓"定域作用假设"是指，只有通过以一定的、小于光速的速度传播的物理效应，才能改变这种彼此分隔开的客体的实在态，或者说，只有通过定域的影响或相互作用才能改变系统的态。

在霍华德看来，分离性假设是爱因斯坦始终不愿意放弃的基本假定，因为爱因斯坦不仅把分离性假设看成是物理实在论的必要条件，而且还认为，正是分离性假设确保了在时空中被观察的客体总能够拥有它自己的属性，即使在具体进行观察时有可能会改变这些属性；相比之下，定域作用假设比分离性假设更基本，它是检验物理学理论的必要条件，是保证分离性假设成为可能的一个基本前提。在爱因斯坦看来，如果没有定域作用假设，我们就不能屏蔽来自远距离的影响，也就很难相信物理测量结果的可靠性。因此，比分离性假设更进一步，爱因斯坦将定域作用假设看成是将量子力学与相对论统一起来所须坚持的一项更基本的限制性原理。

从概念的定义来看，分离性假设与定域作用假设之间不一定必须存在着必然的内在联系。在空间中已经分离开的两个系统，不等同于两个系统之间没有相互作用；同样，两个系统之间存在着相互作用，也不是两个系统是非分离的标志。在爱因斯坦的观点中，分离性假设作为物理系统的个体性原理，在一个更基本的层次上起作用。物理系统的个体性原理决定，在一定条件下我们所拥有的究竟是一个系统还是两个系统。如果两个系统是非分离的，那么，在这两个系统之间就不可能有相互作用，因为它们实际上根本不是两个系统。因此，正是以分离性假设为基础的个体性原理决定了在一定条件下，我们所拥有的系统是一个系统还是两个

① ［美］爱因斯坦. 爱因斯坦文集（第一卷）［M］. 许良英、范岱年 编译，北京：商务印书馆，1976：443、610-611.

系统。

霍华德认为，在爱因斯坦的观点中，定域作用假设如同质能守恒定理和热力学第二定律一样，具有较高层次的约束性，能够引导我们的理论发展；而分离性假设如同原子论假设一样，更像是一种"构造的"原理，这类假设经常会成为科学进步的障碍。因此，在霍华德看来，正如狭义相对论的建立，是由于修改了运动学（即论述空间和时间规律的学说）；广义相对论的建立，是由于放弃了欧几里得几何，使直线、平面等基本概念在物理学中失去了它们的严格意义一样，量子力学的形式体系所反映出的非分离性，无疑已在一定意义上超越了许多传统的经典认识。因此，无条件地接受量子力学所呈现的非分离特征，自然也是理解物理学发展的一种可能选择。

按照这种理解方式，在量子系统的测量过程中，不论测量结果是违背分离性假设，还是违背定域作用假设，都将被视为是非定域性的。或者用逻辑的语言来说，定域性概念是分离性假设与定域作用假设的合取，只要其中一个假设不能得到满足，就会导致非定域现象的产生。1935 年 5 月，爱因斯坦在与波多尔斯基、罗森合作发表的《能认为量子力学对物理实在的描述是完备的吗？》这篇有着深远历史意义的论文（后来，物理学界用三位作者姓氏首字母的缩写，把这篇文章的论证简称为"EPR 论证"，把这篇文章揭示出来的悖论简称为"EPR 悖论"）中，正是从隐含的定域性与分离性假设为前提进行论证的。

综上所述，在量子力学诞生之前，爱因斯坦是在方法论意义上，接受量子化观念来解决物理学问题；在量子力学诞生之后，他是在认识论意义上，恪守定域性假设和分离性假设来质疑量子力学的完备性。20 世纪 90 年代以来，量子信息技术的发展印证了量子力学的正确性，揭示了爱因斯坦坚持定域性与分离性假设，反对量子力学的局限性。

第三章

量子论的坚定守护者
——玻尔

◎图 3-1　尼尔斯·玻尔

尼尔斯·玻尔是丹麦物理学家，他与普朗克和爱因斯坦被尊称为"量子力学三巨头"。但是，与爱因斯坦从量子化观念的拓展者变成量子力学的质疑者截然相反，玻尔则从量子化观念的拓展者上升为量子力学的坚定守护者。玻尔获得诺贝尔物理学奖的科学贡献在于用量子化思想来解决原子的稳定性问题，提出了电子围绕原子核旋转的轨道量子化思想。玻尔主持修建了成为量子力学发展与传播圣地的哥本哈根大学玻尔研究所，提出了互补性原理，创立了理解量子力学的"哥本哈根学派"。那么，玻尔在与爱因斯坦就量子力学基本问题展开的三次争论中，屡次击败爱因斯坦质疑的核心立场是什么？作为哥本哈根解释重要支柱的互补性原理和对量子测量问题的整体论理解，蕴含了怎样的哲学思想？这些思想对我们理解理论、观察、事实等概念带来怎样的启迪？诸如此类问题的阐述构成了本章的主要内容。

一、定态原子模型

普朗克的能量子假设和爱因斯坦的光量子假设的提出，使得运用经典物理学的理论与概念框架无法理解的黑体辐射和光电效应现象得到了圆满的说明。"量子化"概念由最初只是为了解决黑体辐射问题所作出的貌似人为的假设，经过爱因斯坦的应用，似乎有可能被提升为一个普遍的思想观念。1913 年，玻尔在这种量子化观念的基础上，提出定态原子模型，解决了原子的稳定性问题，从而为进一步加强量子化观念的普遍性添砖加瓦。

玻尔于 1885 年出生于丹麦一个富裕的知识分子家庭，父亲是哥本哈根大学的生理学教授，酷爱学术研究，并拥有属于自己的实验室。在父亲的影响下，玻尔自幼便有极强的求知欲，成绩优秀，敢于质疑。玻尔从小受到良好的家庭教育和学校教育，喜欢与家里的兄弟姐妹探讨问题，并根据各自的观点展开辩论，这种在交流讨论中提升自己的学习习惯也伴随了他一生。和绝大多数科学工作者不同，玻尔不愿意将自己的生活局限在实验室或办公室的木桌前，他热爱体育运动，并因此练就了一副强健的体魄。中学时期的同学形容他"像熊一样强壮","发生打闹时从不害怕动用他的力量"。大学期间，他和弟弟一同加入了学校的足球俱乐部，是足球队里颇具人气的明星守门员。与粗犷的外表形成强烈反差的是，玻尔在待人接物时温文尔雅，甚至有些腼腆，但一旦涉及学术方面的讨论，他的声音就会立刻变得清晰有力起来，绝不肯向任何错误与漏洞妥协。他纠错的对象包括中学时的教科书、授业恩师和学界泰斗约瑟夫·汤姆逊，乃至于自己一生的论敌与挚友——爱因斯坦。这种绝不妥协的性格曾一度令玻尔遭受冷落，但最终促使他达成了无比辉煌的成就。

　　玻尔在哲学、政治、文学、体育等方面都有相当好的修养，他在 18 岁时进入哥本哈根大学数学和自然科学系，主修物理学。1911 年，玻尔在丹麦嘉士伯基金的资助下来到英国剑桥大学，希望追随电子的发现者 J. J. 汤姆逊研究金属电子论。嘉士伯基金会是丹麦的一家私有机构，由丹麦嘉士伯啤酒厂创始人雅可布森于 1876 年设立，这个基金会有两个宗旨：一是用来运营与资助雅可布森在 1875 年创建的嘉士伯实验室，当时，这个实验室主要从事与啤酒相关的科学研究；二是用来促进丹麦的自然科学研究。后来，雅可布森的儿子接管产业，将该基金会的业务扩展到赞助社会工作和有益于社会的其他工作，比如，位于哥本哈根市区的一个艺术雕塑博物馆就是嘉士伯基金资助艺术发展的一个例证。

◎图 3-2　嘉士伯艺术（雕塑）博物馆外部（成素梅拍摄）　◎图 3-3　嘉士伯艺术（雕塑）博物馆内部（成素梅拍摄）

玻尔到达剑桥大学不久，就有幸聆听了卢瑟福关于原子结构新发现的长篇演讲，当时，卢瑟福应邀请参加剑桥大学卡文迪许实验室的年度聚餐会。卢瑟福的演讲深深地吸引了玻尔。1912 年 3 月，玻尔就决定从剑桥转移到曼彻斯特跟随卢瑟福研究原子结构。对于玻尔来说，这一决定意义重大，成为他人生的重要转折点。因为奔赴曼彻斯特大学追随卢瑟福的研究，使玻尔有机会在继普朗克和爱因斯坦之后，成为推动量子论发展的第三位重要人物。卢瑟福也从此成为玻尔事业发展的领路人。卢瑟福的雕像至今依然陈列在哥本哈根玻尔研究所对外开放的玻尔办公室中一个非常重要的位置上，这也表明卢瑟福在玻尔心目中所占据的重要地位。

◎图 3-4　卡文迪许实验室

◎图 3-5　玻尔办公室一角（成素梅拍摄）

20 世纪初，由于化学的发展以及电子和放射线的发现，物理学家开始研究原子结构问题。当时需要迫切回答的问题之一是，已知原子中有带负电荷的电子，而原子却是中性的，因此，原子中一定含有正电荷，那么，在原子中，正、负电荷是如何分布的呢？为了回答这一问题，物理学家纷纷提出各种原子模型，主要有两大类型，一种类型是无核结构模型。在这类原子结构模型中，最有影响的模型是由 J. J. 汤姆逊提出的"葡萄干布丁"模型（如图 3-6 所示）。这个模型把原子内部的带正电的物质看成是一块蛋糕，电子像布丁里的一粒粒葡萄干一样镶嵌在蛋糕里面，在内部带正电的物质的吸引力以及电子之间的斥力的共同作用下，原子维持着内部的稳定。

◎图 3-6　葡萄干布丁模型

另一种类型是有核结构模型。在这类原子结构模型中，最有影响的原子结构模型是卢瑟福在 1911 年提出的行星模型（如图 3-7 所示）。这个模型把原子看成是由原子核和电子所组成。原子里的正电荷及其大部分质量集中在很小的原子核内，而电子围绕原子核运动，就像许多行星围绕太阳运动一样。汤姆逊模型无法解释 α 粒子的大角度散射，也无法将电子的振动与原子的光谱线联系起来。卢瑟福的模型就是为了克服汤姆逊模型的缺陷才提出来的。为了支持这一模型，卢瑟福推导出一个描写 α 散射现象的数学公式，实验证明，这个公式很好地符合了实验数据。

从历史发展的视域来看，似乎卢瑟福的有核行星模型优越于汤姆逊的无核"葡萄干布丁"模型。但是，如果从经典立场上来看，这两个模型其实难分伯仲，各有千秋。在汤姆逊模型中，一个电子在正电球内部所受到的引力，与电子到球心的距离成正比。当电子受到振动后，会以确定的频率进行振动，这样可以定性地解释原子的稳定性，但遇到的困难是，它无

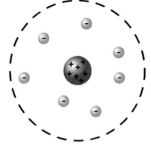

◎ 图 3-7　卢瑟福模型示意图[1]

法解释大角度散射实验。卢瑟福的有核模型虽然解释了大角度散射实验，但从经典电磁理论来看，这种模型使原子不可能稳定地存在。因为在轨道上快速旋转的电子相当于一个电振子，必然要发射电磁波，使电子沿螺线运动，并很快失去能量，最终落到原子核上，从而造成原子的"坍缩"。然而，实际情况并非如此，原子具有稳定的结构，电子并不会"坍缩"到原子核上。因此，如何确保原子的稳定性成为卢瑟福原子模型需要克服的首要困难。

玻尔到达曼彻斯特的卢瑟福实验室之后，把解决这一难题作为自己的主攻目标。在玻尔看来，原子属于物质的另一个层次，已有的物理定律也许根本不适用于这一层次。他想到这种情况与"紫外灾难"相类似，因此解决困难的办法也许应该遵循同样的思路。于是，在这一想法的引导下，玻尔从普朗克和爱因斯坦的量子化假设出发认为，既然辐射能量只能取一定的最小数量或最小数量的倍数，那么，电子围绕原子核的运动的机械能量为什么不能作同样的假设呢？在这种情况下，位于原子基态的电子的运动应该对应于最小的能量，而激发态则对应于较多数目的引起机械能的能量子。这样，一个原子系统的行为在一定程度上就像一辆汽车的减速档

①转自维基百科，Bensteele1995，Rutherford atomic planetary model.svg.

一样，我们只能把它放在最低档、第二档一直到最高档，但不能放在任意的两档之间。如果原子中的电子的运动和它们所发射出的光都是量子化的，那么，电子从原子中的高量子态跃迁到低量子态时就一定要发射光量子 h，其能量等于两个能态之间的能量差。反之，如果有一个入射光量子 h 被电子所吸收，电子就会从低量子态跃迁到高量子态。对于这一思想的形成，玻尔曾回忆说："1912 年春天，我开始认为卢瑟福原子中的电子，应该受作用量子的支配。"[1]

1913 年，在卢瑟福的推荐下，玻尔分三次在英国《哲学杂志》上发表了被称为"伟大三部曲"的长篇论文《论原子和分子的构成》。在这篇论文中，玻尔基于对汤姆逊的原子模型与卢瑟福的原子模型的比较，并把普朗克的量子条件应用到原子结构理论中，提出"定态"概念，来解决电子稳定性问题。玻尔假定，电子围绕原子核旋转的轨道不是任意的，它满足下列量子假设：一，每个电子的轨道都遵守牛顿运动定律，但不是连续的，而是量子化的，电子处于这些轨道时称为"定态"，处于定态的电子没有电磁辐射，两个定态间的能量不是连续变化的；二，假定电子在定态间跃迁时，将辐射或吸收一定频率的光谱线，辐射或吸收的能量是普朗克常数的整数倍。这样，玻尔基于电子轨道的量子化假设，建立了"定态"原子模型（如图 3-8 所示）。玻尔也因此而荣获了 1922 年的诺贝尔物理学奖。

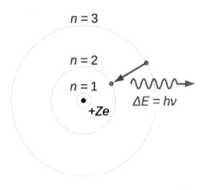

◎图 3-8　玻尔的原子模型示意图[2]

二、玻尔 - 索末菲理论

玻尔的定态原子模型事实上是原子结构的半经典理论，虽然引入了量子化的概念，但大部分计算仍然沿用经典力学，是一个"半经典半量子"的模型，这导致玻尔模型存在着相当大的局限性。玻尔在领取 1922 年诺贝尔物理学奖的演讲中也曾提到"这一理论还是十分初步的，许多基本问题还有待解决"。因此，在玻尔模型

① 杨仲耆、申先甲主编. 物理学思想史 [M]. 长沙：湖南教育出版社，1993：657.
② 转自维基百科，JabberWok, Bohr atom model.svg.

推广的过程中，也急需进行一定的修正。在当时，随着光谱探测技术的成熟，人们发现了原子光谱的精细结构，也就是说，电子跃迁产生的光谱线被更加细化分辨出来，比如，氢原子光谱中的巴耳末线系，原来的光谱线较粗，分辨率提高后，粗线分裂成两根。玻尔提出的定态原子模型可以说明氢原子光谱中原有的跃迁线，即精细结构的部分谱线，却无法说明所有谱线的来源。德国物理学家阿诺尔德·索末菲的工作修正了玻尔的定态原子模型的这一缺陷。

◎图 3-9　阿诺尔德·索末菲

索末菲在玻尔研究的基础上进一步推广了玻尔的同心圆轨道的量子化模型，研究表明，不仅原子中电子运动的轨道是量子化的，而且轨道平面的角动量也是量子化的。这种经过改进之后的量子论与观察事实越来越相符，被称为"玻尔－索末菲理论"。该理论不仅解决了卢瑟福模型的稳定性问题，而且还说明了原子的性质和元素周期律，预言了一些新的谱线存在，促使了新元素铪的发现。在这个模型中，最重要的两个概念是"定态"和"跃迁"。"定态"概念确立的分立状态，排除了经典物理学所允许的其他中间状态，也就是说，两个"定态"之间是断裂的，没有中间状态，从一个"定态"到另一个"定态"的"跃迁"是突然地、整体性地完成的，而不是逐渐地、连续性地完成的，不能再划分为若干个分阶段，两个能态之间的能量差，构成了原子发射和吸收光的机制。

索末菲于 1886 年在康尼斯堡大学学习数学，在参加一位数学教授开设的数学－物理学研讨班时，深受英国数学物理学家、热力学的开创者威廉·汤姆逊（开尔文勋爵）的影响，开始迷恋上数学对物理学的应用研究。随后，索末菲便从数论领域转向开尔文的数学物理学领域，并在康尼斯堡大学的数学物理教授沃尔克曼（Paul Volkmann）的指导下获得博士学位。1893 年，他在享有德国数学之都称誉的哥廷根大学从事数学研究。当时，著名数学家克莱茵正在筹备应用数学研究所，其目的是将抽象的数学理论同具体的科学发展联系起来，这一举措开辟了数学研究的新领域。克莱因的工作对索末菲产生了很大的影响。

1906 年，索末菲从哥廷根调到慕尼黑大学从事理论物理学的教学工作，并在X 光的发现者，也是首届诺贝尔物理学奖的获得者伦琴的极力推荐下，掌管了当时很有名的一个物理实验室。他接管之后，实验室更名为"理论物理研究所"。这个研究所的前身，是玻尔兹曼和伦琴相继领导过的国家级数学物理基地，有着悠久的数学物理学传统。更名后的理论物理研究所，很快成为相对论和量子论的一个新的著名的研究中心。据说，当时索末菲是世界上第一位定期讲授这两门课的教授，在 20 世纪 30 年代之前，他培养了该领域内最多的博士生，乃至爱因斯坦都对索末菲的桃李满天下钦佩不已，索末菲也因此而享有优秀教师的美誉。当时，索末菲撰写的《原子结构和光谱线系》讲义，被誉为"现代物理学家的圣经"。爱因斯坦认为，索末菲有一种能把听众的精神精炼和激活的特殊才能。索末菲与众不同的地方，不在于他的物理学直觉多么高明，而在于他对那些已经确立的或有问题的理论在逻辑和数学上所存在问题的洞察力，以及确证或推翻这些问题的结论的推导能力。

"玻尔－索末菲理论"虽然非常成功地说明了复杂的原子的性质、光谱以及化学反应等，但除此之外，却无法用来说明电子如何从一个能态向另一能态跃迁，也无法计算这些跃迁所发射谱线的强度。这个理论的缺陷主要在于以下两点：首先，在电子围绕原子核旋转的轨道量子化假设中，量子化是外加的，而不是内在于理论本身的一个推论，因而，缺乏自洽性；其次，不能解释含有两个电子以上的原子的光谱线。因此，该理论通常被称作半经典半量子的理论，或者说，玻尔描绘的原子图景是建立在经典思想（轨道）和量子思想的奇异结合之上的。尽管如此，旧量子理论把原来不相关的实验事实——α 大角度散射现象、氢原子光谱实验和不同元素的辐射波长等，综合成一个可以理解的原子世界，从而正式拉开了人类进入原子世界的帷幕，为量子力学的创立提供了思想准备。

三、创建物理学家的"圣地"[①]

玻尔于 1916 年晋升为哥本哈根大学物理学教授，1917 年成为丹麦皇家科学院院士。随着玻尔学术地位的提高，不少世界名校都向他抛出了橄榄枝，卢瑟福就曾重金邀请玻尔来与他一起"把曼彻斯特办成现代物理研究中心"。然而，玻尔却不为所动，立志在丹麦开展自己的物理学研究工作。1917 年 4 月，玻尔在丹麦政

---

① 本部分内容主要来自：成素梅.洛克菲勒基金政策对早期玻尔研究所的影响［M］.自然辩证法通讯，2015（37）：6.

府和社会各界力量的共同支持下，开始积极筹备组建哥本哈根大学理论物理研究所。研究所的专用大楼于 1920 年竣工，研究所于 1921 年 3 月 3 日正式成立。

初创时期的研究所规模很小，玻尔本人担当着多方面的角色，既是所长，也是导师，除了一名助理、一名技工和一名秘书之外，研究所的研究人员主要以来自世界各地的访问学者为主，其中，大多数人是玻尔科学事业的合作者。随着量子力学形式体系的成熟，研究所的研究方向在 20 世纪 30 年代发生了转型。这种转型为研究所今后的发展打下了坚实的基础。目前，研究所的研究方向除了延续与发展了转型后的核物理学之外，还扩展到天文学、地球物理和气候研究、纳米物理学、粒子物理学、量子光学和生物物理学等领域。1965 年，哥本哈根大学为了纪念尼尔斯·玻尔诞辰 80 周年，将"理论物理研究所"更名为"尼尔斯·玻尔研究所"（简称"玻尔研究所"）。

◎图 3-10　玻尔研究所（成素梅拍摄）　　◎图 3-11　玻尔研究所全景（成素梅拍摄）

玻尔创建理论物理研究所的宗旨是，创造条件促进量子力学发展，这包括两个方面：一是通过实验推动物理学家的理论研究，二是为培养年轻物理学家搭建平台。秉承这一宗旨，研究所落成不久，就使哥本哈根成为把量子力学的发展推向顶峰和彻底变革经典物理学概念体系的名副其实的国际学术交流中心，成为各国物理学家向往的"圣地"。1927 年，以玻尔的互补性原理和海森堡的不确定性关系为支柱的量子力学哥本哈根解释，成为当时绝大多数物理学家接受的一种立场，也被称为"哥本哈根学派"。玻尔研究所的发展不仅见证了量子物理学家在目睹经典物理学大厦被摧毁时的无奈与绝望，而且见证了他们在创立量子力学概念体系时的兴奋与激动。

自量子力学的形式体系创立以来，经过近百年的发展，物理学家对量子力学的探索，经历了从对形式体系的数学运算到对基本概念的哲学质疑，从对量子理论的实验检验到基于机理的技术开发这样一个使理论研究、哲学质疑、实验检验和技术应用交互发展的复杂过程。特别是近几十年来，在量子力学领域中被质疑最多也是最难以令人理解的量子纠缠现象已经成为物理学家开发量子通信、量子计算机等先进技术的理论基础。玻尔研究所也因为量子力学持续不衰的强大生命力而被永久性地载入量子论的史册。

1985 年，在玻尔妻子的支持下，在玻尔研究所成立了相对独立的玻尔文献馆（如图 3-12 和图 3-13），主要收藏现代物理学史料，特别是与玻尔和量子力学相关的各类文献资料，比如，玻尔的 6000 多份科学通信、500 多个单元的手稿，以及科学史和科学哲学家库恩在 20 世纪 60 年代主持完成的对量子力学奠基者的采访录音带等珍贵文献。文献馆的一项重要成果是整理出版了 12 卷玻尔论文集，这 12 本文集已经由戈革先生全部翻译为中文，并于 2012 年由华东师范大学出版社出版。

◎图 3-12　玻尔文献馆一角（成素梅拍摄）　　◎图 3-13　玻尔文献馆访问学者办公室（成素梅拍摄）

玻尔当年的办公室向公众开放。走进这个办公室，首先映入眼帘的除了一张老旧却承载着动人故事的办公桌（如图 3-14）之外，就是挂在墙壁上的按照年代顺序排列的研究所每年一次的集体合影（如图 3-15）。单张照片说明不了什么，可是，一旦把从创立初期一直至今的照片整合排列在一起，就具有了珍贵的历史价值。这些照片，由黑白到彩色，其中的人员由几人到几百人，不仅见证了研究所的发展壮大，而且承载着历史变迁。研究所的学术报告厅里悬挂着玻尔、爱因斯坦等人当年在此进行学术讨论的照片。这些照片再现了物理学家陶醉于科学求真的动人场面。玻尔文献馆墙壁上陈列着两次世界大战之间访问过研究所的物理学家、物理学史家和一些科学哲学家的个人照片（如图3-16）。文献馆里还珍藏着留有签名与美好祝愿的访客登记簿。我们今天能够说得出名字的量子物理学家和一些知名的科学哲学家几乎都在这里留下了珍贵的到访记录，周培源是第一位到访的中国物理学家。这些材料体现了玻尔研究所的国际化程度与国际知名度。这种把初创时期奠

◎图3-14　玻尔办公室（成素梅拍摄）

◎图3-15　玻尔办公室的一面墙上挂满集体合影（成素梅拍摄）

◎图3-16　早期访问过玻尔研究所的物理学家（成素梅拍摄）

定的国际化发展道路发扬光大并继续前行的研究所，在科学史上屈指可数。

在关于玻尔的历史文献中，现存的绝大多数量子物理学家提供的回忆录，主要谈到的是玻尔的学术成就或玻尔与年轻合作者之间的动人故事等。直到 1990 年，玻尔文献馆现任馆长和科学史家芬·奥瑟鲁德（Finn Aaserud）基于玻尔及其同时代人的大量私人通信、未公开的文献、个人日记、珍贵的馆藏资料以及他本人的采访所完成的博士学位论文《科学的转型：尼尔斯·波尔、慈善事业和核物理学的兴起》[1] 的出版，才第一次向学术界系统地揭示了玻尔作为决策者和筹资者为研究所的发展所付出的艰辛努力与动人故事，并公开了许多具有历史意义的珍贵照片。这份文献充分显示出，玻尔研究所之所以能够成为物理学家的"圣地"，除了学术因素之外，还离不开玻尔为到访的青年物理学家争取各类经费支持所付出的辛勤劳动。

四、互补性原理

量子力学的建立充满了无数传奇的色彩，不同于以往物理学史上的经典理论，是由某一位物理学家提出，或者，由于某个实验的重大突破而宣告定律的诞生，量子力学是由诸多"疯子般"的天才物理学家们在观念碰撞和头脑风暴中，互相驳斥，各自争论，最终求同存异而诞生的。其中，最激烈的争论之一是围绕微观对象表现出的波粒二象性展开的。玻尔提出互补性原理来阐明他对微观世界的理解。互补性原理既是玻尔对海森堡提出的"不确定关系"的哲学解释，也是哥本哈根学派的核心论点。互补性原理的两个主要支柱，一是必须用纯粹的经典术语来描述测量仪器与测量结果，二是测量仪器与被观察的量子系统一起构成了一个不可分割的整体。[2] 就内涵上而言，包括下面两个层面的观点。

其一，微观对象属性的互补性，即在图像和语言层次上认为，微观粒子既具有波动性又具有粒子性，但这两种图像既相互排斥又相互补充，共同构成了对量子现象的完备描述，量子现象必须用这种既互斥又互补的方式来描述。在玻尔看来，我们所观察到的量子现象仅是物质展现出的单一物理图景，必须使用互补的方式才能

---

① [挪威]芬·奥瑟鲁德.科学的转型：尼尔斯·波尔、慈善事业和核物理学的兴起 [M].成素梅、赵峰芳译.北京：科学出版社，2015.

② Bernard d'Espagnat, Conceptual Foundations of Quantum Mechanics, second edition, W. A. Benjamin, Inc. 1976, p.251.

对其实现完整的描述。举例来说，粒子性和波动性两种性质互补且互斥，它们潜藏在观测现象背后，我们没有办法让这两种性质同时展现。如果我们的实验目的是研究光的干涉现象，比如，杨氏双缝干涉实验，那么，实验结果必然就是光的波动性；如果实验目的是研究光作用于金属表面时出现的光电效应，那么，我们能得到的必然是光的粒子性。关于光究竟是波还是粒子，这样的提问是毫无意义的，因为结果完全取决于我们的观察目的。

其二，量子测量对象和量子测量仪器之间的依赖性，即在测量层次上认为，实验仪器与被观察对象之间存在着无法避免的相互影响。在经典力学实验中，可以通过不断改进实验仪器的精度、优化实验条件而降低仪器与对象之间的相互作用，就理论而言，可以完全忽略这些干扰因素，作为理想化的形态来处理。因此，如果可以同时测量对象的不同性质，并且在过程中没有对对象产生任何影响，最后累加所有性质，就可以完整描述实验现象及其背后对象的所有属性。但是在实验中，特别是对于量子测量，实验仪器与对象的相互作用，在原则上，是必然存在而且无法干预的。在实验测量的同时，实际上就已经对对象的性质造成影响，我们无法观察到对象的所有属性。

玻尔对于互补原理的阐述是，不管量子物理现象怎样远远超越经典物理解释的范畴，所有证据的说明必须用经典术语来表达。理由很简单，提到"实验"这一术语，我们指的是一种状况，我们可以告诉其他人，我们到底从这种状况中学到了些什么，因此，关于实验装置与观察结果的说明，必须通过恰当地应用经典物理术语，以无歧义的语言表达。原子物体的行为、原子物体与测量仪器的相互作用（定义了现象发生所需条件），这两者之间不可能存在有任何明显的分割。因此，从不同实验获得的证据不能概括在单独一种图景内，而必须视为相互补足，只有整个现象能够详尽概括关于物体的所有可能信息。[①]

互补性原理是玻尔在 1927 年 9 月的科摩会议上提出的，但这次会议缺席两位重量级人物：薛定谔和爱因斯坦。这样，玻尔与爱因斯坦之间的第一场争论推迟到一个月之后的第五次索尔维会议上进行。这次会议的主题为"电子与光子"，荷兰物理学家亨德里克·洛伦兹担任会议主席。这次会议聚集了世界上顶级的物理学家

---

① 转自维基百科，Niels Bohr. "Discussions with Einstein on Epistemological Problems in Atomic Physics"，P. Schilpp ed., *Albert Einstein: Philosopher-Scientist*，Evanston: Open Court,1949.

共同探讨量子理论的问题。有趣的是，爱因斯坦和玻尔两人并没有收到会议的报告邀请，而是以更特殊的身份参与会议。这也恰巧给了他们充分的辩论时间。爱因斯坦与玻尔各自为战，形成两种派系。一派是以爱因斯坦、薛定谔、德布罗意为主的经典学派，另一派是以玻尔、海森堡、玻恩为首的哥本哈根学派。

◎图 3-17　1927 年第五届索尔维会议合照（爱因斯坦在第一排居中，玻尔在第二排右一）

会议进行到第五天，1927 年 10 月 28 日下午，洛仑兹做了一个开场白，将讨论的重点引导至因果律、决定论和概率性等话题上来。量子事件究竟是否存在因果关系。或者，用埃伦费斯特当时的话说："难道就不能把决定论当作一种信仰，继续坚持下去？是否一定要把非决定论提升到原理的高度？"[1] 洛伦兹巧妙地提出这些话题之后，目光直接投向了玻尔。在玻尔看来，量子理论必须得到物理学"教皇"爱因斯坦的审阅，而在场的所有人都明白，他即将尝试说服爱因斯坦，让他相信哥本哈根解释的正确性。

---

① ［英］曼吉特·库玛尔. 量子传——究竟什么才是现实［M］. 王乔琦译. 北京：中信出版集团，2022：302.

玻尔认为，量子力学的解释需要一个总纲框架，即互补性原理，在这个框架内，波粒二象性自然而然地成为微观粒子的内禀属性，并且互补性原理为不确定性原理提供了直接支撑。在会议上，玻尔将打磨完美的互补性原理呈现在爱因斯坦面前。大家在听取了玻尔的报告并发表看法之后，爱因斯坦无法沉默下去了。玻尔提到："量子力学穷尽了解释可观察现象的所有可能。"[①] 这一观点，爱因斯坦无法认同，他必须给量子王国的微观物理学沙丘划定界限，去证明哥本哈根解释并不具有自洽性，于是，他抛出思想实验对玻尔的观点予以驳斥，然而，玻尔的回应征服了所有人。

曹天元在《量子物理史话》一书中这样评价："1927 年这场华山论剑，爱因斯坦终究输了一招。并非剑术不精，实乃内力不足。面对浩浩荡荡的历史潮流，他顽强地逆流而上，结果被冲刷得站立不稳，苦苦支撑。玻尔看上去沉默驽钝，可是重剑无锋，大巧不工。爱因斯坦非但没能说服玻尔，反而常常被反驳得说不出话来，而且他这个'反动'态度引得许多人扼腕叹息。遥想 1905 年，爱因斯坦横空出世，一年内六次出手，每一役都打得天摇地动，惊世骇俗，独自创下一番轰轰烈烈的事业。当时少年意气，睥睨群雄，扬鞭策马，笑傲江湖，这一幅传奇的画面在多少人心目中留下了永恒的神往！可是，当年那个最反叛、最革命、最不拘礼法、最蔑视权威的爱因斯坦，如今竟然站在新生量子论的对立面。"[②]

1930 年，在第六次索尔维会议上，爱因斯坦提出了另一个思想实验，现在被称为"爱因斯坦光盒"实验。爱因斯坦光盒实验挑战的是能量 – 时间的不确定性，类似于爱因斯坦狭缝实验，在这里粒子穿过狭缝的时间作为控制变量。但是玻尔经过整晚的思考再一次化解了爱因斯坦的招式，利用广义相对论中的红移公式成功解释了能量 – 时间的不确定性。八年之后的 1935 年，爱因斯坦提出了 EPR 悖论，质疑量子力学的完备性。玻尔运用整体论的测量观，反驳 EPR 悖论，在这一次论战中，虽然玻尔和爱因斯坦谁都没有办法说服对方，但却启发薛定谔提出了量子纠缠概念，启发贝尔提出了著名的"贝尔不等式"。1982 年以来完成的实验，说明了量子力学的完备性。

在图像意义上，玻尔的互补性原理是量子假设的直接推论，不是对经典概念的

① [英] 曼吉特·库玛尔. 量子传——究竟什么才是现实 [M]. 王乔琦译. 北京：中信出版集团，2022：304.
② 曹天元. 上帝掷骰子吗：量子物理史话 [M]. 沈阳：辽宁教育出版社，2008：196-197.

批判分析，而是对不能同时使用经典概念的事实条件的发现。[1] 玻尔认为，他的这一发现与爱因斯坦的光速不变原理的发现一样：光速不变原理表明，物体的运动速度不能够超过光的传播速度；互补性原理表明，被测量对象表现出的粒子性和波动性是依赖于测量装置的。

从语义上来看，玻尔始终没有赋予互补性概念以精确的定义。理解玻尔的互补性概念实际上是理解玻尔是如何提出互补性概念和如何阐述互补性概念的问题。玻尔有时运用互补性原理来想象量子世界的整个图像，有时把互补性论证为是对原子现象的时空描述与因果性描述之间的互相补充。玻尔晚年还尽可能地把互补性原理进一步推广到生物学、社会学及心理学等领域，使其成为一个普遍性的原理。

从方法论意义上来看，互补性原理不是通过普遍的论证之后提出的，而是在对理想实验的描述中提出的。从认识论意义上来看，互补性原理是对可观察量的解释，由于不能为理解量子力学提供一个本体论图像，受到许多批评。爱因斯坦把互补性原理看成是为信仰者提供了一个舒适的枕头，它使信仰者们忽略了需要为理解量子图像提供一致而可理解的说明所付出的努力。物理学家盖尔曼曾在 20 世纪 70 年代说："尼尔斯·玻尔强使整个一代物理学家相信，问题在五十年前就已经解决了。"[2] 近些年来，大多数人只是把玻尔的互补性原理看成是描述自然界的一个框架，而不是一个明确的原理。

尽管如此，互补性原理不仅成为人们看待玻尔的标签，而且也是玻尔自己极力推崇的哲学。1947 年，丹麦国王为表彰玻尔的科学功绩破格授予他"骑象勋爵"爵位，并授予其荣誉徽章。徽章上的族徽是太极图案（如图 3-18），目前这枚徽章挂放在哥本哈根远郊的一个教堂的墙壁上。

◎图 3-18　玻尔的荣誉徽章
（成素梅拍摄）

① Clifford A. Hooker, "The Nature of Quantum Mechanical Reality: Einstein Versus Bohr", in *Paradigms and Paradoxes: The Philosophical Challenge of Quantum Domain*, Edited by Robert G. Colodny, University of Pittsburgh Press, 1972, p.137.

② W. Schommers, ed., *Quantum Theory and Pictures of Reality: Foundations, Interpretations, and New Aspects*, Berlin: Springer-Verlag Berlin Heidlberg, 1989, p.29.

五、哥本哈根精神

玻尔从 1921 年理论物理研究所成立到离世之前一直担任所长职务长达 40 年之久。玻尔是一位地地道道的学术型领导。因为玻尔作为一名研究人员，拥有惊人的才干和一丝不苟的态度，作为一名领导者，拥有极强的凝聚力和超凡的人格魅力，这也许与他早年的运动生涯有关。玻尔的学生伽莫夫在《物理学发展史》中谈到玻尔的个性时写道，玻尔在哥本哈根大学读书期间是一名优秀的足球运动员，曾把他踢球的经验运用在解决 α 粒子穿过密集原子时"散射"的问题上。他在球场上比赛时也从未停止思考，曾有和他比赛过的德国运动员回忆道，不止一次见到对方的守门员（也就是玻尔）在门框上计算公式。来自足球的集体运动体验，使得玻尔不同于爱因斯坦喜欢个人独立思考的风格，形成了更喜欢集体讨论的风格。

伽莫夫讲述说，玻尔最大的特点是思维与理解力比较缓慢，在科学会议上也明显地表现出来。在研究所访问的年轻物理学家经常对量子论问题发表宏论。每个听讲者都能听明白报告人的观点，唯独玻尔例外。于是每个人都来给玻尔解释他所没有领会的要点，结果是，讲解者反而被玻尔搞乱了，发现自己原来也没听懂，最后，经过相当长时间之后，玻尔开始弄懂了，结果却表明，他对报告人所提问题的理解与报告人的意思完全不同，而且玻尔的理解是正确的，报告人的解释却错了。

伽莫夫还描述了玻尔与年轻同事们在一起娱乐的场面。他说："玻尔对美国西部电影的爱好是出于他的一种理论，这种理论除了他当时的电影伙伴之外，谁都不知道。大家都知道在所有的美国西部影片（至少是好莱坞式的影片）中总是恶棍先拔枪，但英雄动作更快，总是把恶棍打倒。玻尔认为，这种现象是由于有意行为和条件反射行为之间的差别。恶棍在抓枪时得先决定是否开枪，所以动作慢了，而英雄的动作快是因为他的行为不需要思索，一看见恶棍就开枪。我们都不同意这种理论，第二天早上我们就到玩具商店买了一对牧童枪。我们和玻尔一起出去打枪，他扮演英雄，结果他把我们全都'打死'了。"[①] 玻尔所说的"有意行为不如条件反射行为敏捷"，事实上，就是我们今天说的意向性行为不如直觉

---

① ［美］乔治·伽莫夫. 物理学发展史［M］. 高士圻译. 侯德彭校. 北京：商务印书馆，1981：229.

行为敏捷。因为这种直觉行为并不是天生的，而是在长期实践的过程中培养出来的一种快速反应行为。

围绕在玻尔周围的这些年轻物理学家，在这种和谐氛围中，以追求量子论的发展为目标，形成了玻尔研究所特有的哥本哈根精神。用"哥本哈根精神"来形容玻尔研究所的风格是由海森堡首先提出的，意指玻尔与研究所的年轻物理学家之间自由、平等、开放的交流形式与工作氛围，而不是指特殊理念。在他们中间最普遍和最有效的科学交流，不是正式的学术讲座和讨论会，而是无处不在的私下交流，特别是经常在玻尔家中进行的非正式集会时的自由讨论。①

玻尔热爱合作的科研风格给研究所带来了深远的影响。很多曾在玻尔研究所学习工作的科学家们都曾回忆道，在那里，给人印象最为深刻的不是一长串鼎鼎大名的科学家名单，而是在每一位成员间所建立的那种非同寻常的合作精神。在研究所中，无论地位高低，学识深浅，都要参加每周一次的讨论会，在激烈的交流与争辩中擦出思想的火花。在他们看来，最富成效的科学交流，是无处不在的私下交流，特别是一群物理学家攒聚在玻尔家中所进行的自由辩论，而并不是正式的学术讲座和讨论会。这个充分、直率、自由和不拘形式的学术讨论和交流的玻尔研究所风格并不局限于哥本哈根，凡是访问过哥本哈根的物理学家都毫不例外地受到感染，回到自己的国家传播这种精神，在世界物理学界产生了广泛的影响。②

从 1938 年到二战结束前夕一直在玻尔研究所工作的波兰物理学家罗森塔耳把这种自由风格看成是物理学研究获得成功的动力需求。因为在他看来，物理学研究不是被引导的，而是由环境培育的。当时，营造和维持这种能够引导人和激励人的和谐环境至少需要满足两大条件：一是有一群充满活力、以求知为乐的志同道合者和一位能够凝聚大家的核心人物；二是有为这些到访的物理学家提供研究保障的资金来源。玻尔从一开始就为营造这种自由讨论的学术氛围、为研究所的扩建以及为其他国家优秀的年轻物理学家的到访寻找奖学金倾注了心血。③

① Finn Aaserud, *Redirecting Science : Niels Bhor, philanthropy and the rise of nuclear physics*, Cambridge: Cambridge University Press, 1990, p.7. 中译本参见，［挪威］芬·奥瑟鲁德. 科学的转型［M］. 成素梅，赵峰芳译. 北京：科学出版社，2015.
② 吕增建. 玻尔与哥本哈根精神［J］. 科技导报，2009（27）. 5：106.
③ 成素梅. 洛克菲勒基金政策对早期玻尔研究所的影响［J］. 自然辩证法通讯，2015（37）. 6：56.

这种哥本哈根精神使得玻尔研究所很快就与慕尼黑大学和哥廷根大学相提并论，成为把量子理论推向发展高峰的三大基地之一。玻尔也因此在丹麦享有极高的学术荣誉，以玻尔为核心形成的哥本哈根精神，也超出了量子力学甚至物理学的范畴，成为科学学派诞生的学术典范和世界科学界的宝贵财富。

第四章

矩阵力学的奠定者
——海森堡

JUZHEN LIXUE DE DIANDINGZHE
——HAISENBAO

在量子力学的形式体系中，第一个形式体系是由海森堡、玻恩和约丹立足于不连续性，运用高深的矩阵代数方法，在超越玻尔旧量子论的基础上，于1925年共同创立的"矩阵力学"。借用科学哲学家库恩的术语来说，矩阵力学第一次提供了完全不同于牛顿物理学的新范式，不仅对传统物理学的概念框架提出了巨大挑战，而且深化了第二次科学革命，奠定了第三技术革命的理论基础，成为推动第四次技术革命深度发展的新引擎。矩阵力学虽然是三位物理学家联合创立的，但其突破性的物理学思想归于海森堡。那么，海森堡是怎样踏上研究量子论的学术之路的？他超越玻尔旧量子论的思想灵感是如何获得的？基于"可观察性"原则建立起来的

◎图4-1　沃纳·海森堡

量子理论，还是对实在世界的描述吗？如果答案是肯定的，那么，这种理论蕴含怎样的实在观？对这些问题的阐述构成了本章的内容。

一、数学梦想的破灭

海森堡1901年12月5日出生于德国巴伐利亚州维尔茨堡的一个高级知识分子家庭。海森堡的外祖父名望甚高，在慕尼黑的一所名校马克西米利安文理中学担任校长。海森堡的母亲虽然由于德国体制的原因不允许接受大学教育，但是，她在女子学校中受过数学、历史和文学方面的训练，并很幸运能够从父亲那里进一步接受高等教育。当时，女性接受教育只是为将来做一名合格的妻子和母亲提供基本的文化素养，而不是为了有助于其日后进入社会。与男性相比，女性处于从属和次要位置。海森堡的父亲于1910年成为慕尼黑大学的中世纪及现代希腊语言学终身教授，因此他们全家搬到了巴伐利亚州首府慕尼黑。在海森堡家中，父亲的权威形象和母亲的温顺体贴形成了鲜明的对比，共同营造了和谐的家庭氛围。[①] 在当时的德

---

① 成素梅.跨越界线：哲人科学家——海森堡［M］.福州：福建教育出版社，1998：13-15.

国，知识分子家庭属于社会的上层阶级，原生家庭优越的社会地位和良好的氛围熏陶为海森堡的成长提供了极其有利的先天条件。

海森堡的父母特别注重孩子的素质教育和智力开发，注重在孩子们中开展有意义的游戏活动，注重在宽松的家庭气氛中激发孩子们的学习热情，为他们营造一个既有竞争又节制的、积极向上的家庭环境。他们在家里经常组织两类活动，一类是数学等竞赛活动，另一类是富有娱乐性的小型音乐活动。海森堡在数学竞赛中表现出数学天赋，并通过这种竞赛对数学产生了深厚兴趣；音乐活动激发了海森堡的音乐爱好，使他从小热衷于学习钢琴弹奏并学会了钢琴作曲。中学时代，海森堡经常参加学校的各种形式的演出。海森堡的音乐造诣远远超出了业余爱好的范围，乃至他朋友的母亲认为海森堡在艺术上比在科学技术上更内行，甚至对海森堡在读大学时没有选择音乐专业而感到十分惊讶。[1]

1911年，海森堡考入外祖父的中学学习。这所中学不仅拥有高素质的师资队伍，而且拥有一流的教学设备，是当时慕尼黑上流社会家庭孩子的首选中学，量子论的创始人普朗克就曾经在这所中学担任过物理老师。在学校，海森堡比同龄人具有更加出色的思维能力，也表现出超凡的数学才能和音乐修养。他父亲了解海森堡对数学的热情，专门从慕尼黑大学图书馆借来用拉丁文撰写的数学著作和与数学相关书籍给他阅读，以求达到一箭双雕之功效。其间，数论家利奥波德·克罗内克用拉丁文撰写的数学书，使海森堡开始对希腊哲学产生了兴趣。

海森堡在阅读中对数论的兴趣越来越浓，为了满足求知欲，他经常去中学图书馆借阅有关数论的书籍。除此之外，他还自学了作为经典物理学基础的微积分。第一次世界大战期间，海森堡利用业余时间阅读了数学家赫尔曼·外尔的著作《空间、时间与物质》，这本书对爱因斯坦的相对论进行了数学描述。有意思的是，海森堡阅读这本书源于对数学的兴趣，却反而使他在后来进行大学专业选择时进入物理学领域，虽然痛失进入心仪的数学领域的机会，但却获得了从事物理学研究的契机。事实上，海森堡在中学的第二年就能够运用超出中学范围的数学知识来解决具体的物理学问题，并对数学和奇妙的物理世界之间存在的内在关联感到十分好奇。只是彼时的好奇主要来自对数学与哲学的考虑，还不是对物理学的真实热爱。

海森堡只是出于对数学的着迷，才渴望了解物理学，因为物理学是用数学语言

---

[1] 成素梅.跨越界线：哲人科学家——海森堡［M］.福州：福建教育出版社，1998：25.

来描述世界的。他渴望通过物理学更多地了解关于原子问题的哲学思考，以及抽象数学与具体世界之间的关系，而不是试图掌握具体的物理学内容。他在晚年回忆说，他与物理学的缘分来源于当时与原子的两次相遇。第一次相遇源于他的物理学教科书中多原子气体分子的示意图。在这些图中，原子以"钩与孔"的方式连接成分子，这让海森堡感到不安，教科书以一种相当肤浅的方式看待原子，而海森堡认为原子及其所组成的分子应该受到更严格的自然法则的约束，而不是被框入人类发明的这些概念——如果把未知的事物都安装上"人的五官"，绝对不是大自然原本的样子；第二次相遇源于阅读柏拉图《蒂迈欧篇》。书中讲到，提迈厄斯向苏格拉底解释土、空气、水和火四种元素，它们的可观察性可以归因于理想几何"原子"的超验性质。[①]

1914 年，第一次世界大战的爆发中断了海森堡受保护的生活方式，战争波及德国的每个家庭和每所学校，海森堡的父亲和他所在学校也不例外。父亲应征入伍，学校变成了军队宿舍，海森堡和大部分同学被要求参加农场劳动，学校的整个教学计划被迫中断。在这种情况下，海森堡依然在劳动之余抓紧时间阅读各类书籍，关于柏拉图和康德的哲学著作都是他在此期间自觉阅读的。广泛的阅读培养了海森堡独立思考的能力，中学教育中割裂开来的数学、物理和哲学问题在他脑海里潜在地关联起来。

1920 年，海森堡通过了慕尼黑大学的入学考试。当时，慕尼黑大学的数学和物理研究班是合在一起的，隶属于哲学系。海森堡的父亲在这里担任希腊语教授，他根据海森堡的愿望，安排海森堡拜见了他理想中的候选导师——数学家林德曼教授，希望能拜入其门下从事纯数学研究。但林德曼在谈话中了解到海森堡已经读过外尔的《空间、时间与物质》后，很是生气，因为他把外尔的工作看成是物理学对纯数学的"污染"。于是，他严厉地对海

◎图 4-2　23 岁时的海森堡

---

① D .C. Cassidy, *Uncertainty: The life and science of Werner Heisenberg*, New York: Freeman, 1992, p.55.

森堡说："既然这样，你已完全失去了数学。"就是这句看似简单的话语，彻底地打碎了海森堡追求数学的梦想，但同时也促使他走上了物理学研究的道路。众所周知，人生处处都在选择之中，关键时刻的选择往往会对人生之路产生无法逆转的重大影响。从海森堡专业选择的曲折故事中，我们或许能够得到启示：一个人的选择能否成功是多种因素相互作用的结果，既不能异想天开，也不能随波逐流，理性思考、审时度势，才能做出更适合自己的选择。

二、不凡际遇

慕尼黑大学数学和物理研究班的指导教师包括四位教授和一位助理，除了负责数学的林德曼之外，还有其他三位教授。海森堡遭到林德曼教授的拒绝，无可奈何只能遵循父亲的建议退而求其次。经过慎重考虑，他决定向父亲的老朋友索末菲提出申请。当海森堡鼓足勇气拜访索末菲时，索末菲以非常友好的方式接待了他。在了解到海森堡中学时一直喜欢数学并阅读过外尔的《空间、时间与物质》后，索末菲的反应与林德曼截然相反，对海森堡充满了鼓励与引导，要求他从经典物理学着手，解决具体细节问题，建立自己的志向，潜心理论研究。海森堡后来回忆说，这次谈话是他第一次同一位真正了解现代物理学方法，并且对相对论和原子理论紧密相关领域有所贡献的学者进行的谈话，这次谈话对他产生了深远的影响。[1]

索末菲在选择学生时不像林德曼那样苛刻武断，他采用的逐级淘汰的方法来选择和培养学生。在对海森堡的物理学潜力有了初步判断之后，索末菲建议海森堡先作为旁听生临时加入自己的研究班学习，有了一定基础之后，再相互作出最后选择。在这种情况下，海森堡在课程的注册登记表中几乎选修了索末菲开设的所有课程，并有意避开林德曼的课。幸运的是，海森堡入学时恰好遇上索末菲新一轮教学计划的开始。当时，索末菲在六个学期内循环安排自己的专题讲座。这一系列讲座从基础的经典力学开始，覆盖经典物理学的全部领域。对于高年级学生，他以特殊讲座的形式讲授非经典物理学。如果学生入学时遇到系列讲座循环周期的中间阶段，就只能通过选修别的课程来等待下一个循环的开始。

---

[1] 成素梅.跨越界线：哲人科学家——海森堡［M］.福州：福建教育出版社，1998：52-55.

除了这个固定的系列讲座，索末菲每个学期都为高年级的学生举办两小时的公开讲座，讲授还没有定论的问题。当有人问他为何自己还不理解就办讲座时，他回答说："如果我有所理解，也就没有必要讲它了。"这种授课方法，一方面，可以使老师和学生共同抓住当前的问题，共同探索解决问题的方法，以此达到对问题的系统理解，另一方面，也使得课堂氛围始终充满活力与生气。特别是，当索末菲离开讲稿在黑板上重新推导结果却遇到无法推导下去的情况时，讨论的热烈气氛往往会达到高潮。索末菲还每学期开设量子光谱学方面的讲座，这是当时的前沿问题。这些讲座对海森堡产生了很大的影响，也为海森堡后来克服"玻尔－索末菲理论"的缺陷，为量子力学的创立做出实质性贡献奠定了基础。[①]

索末菲每学期都会引导研究班的高年级学生讨论前沿问题。他让参加者自己解决一个小问题或研究一篇文章，然后在研究班里进行集体讨论。对于学生而言最理想的是，能够沿着自己所讨论的问题继续进行博士学位论文的写作。海森堡的学位论文和第一篇公开发表的学术论文均出自研究班的讨论项目。海森堡还在这个讨论班里结识了比他高两级的沃尔夫冈·泡利，这位具有物理学天赋的师兄从此成为海森堡一生的学术挚友。他们虽然性格和研究习惯迥异，但在学术问题的讨论上却有

◎图4-3　沃尔夫冈·泡利

着相当的默契，从幽默的彼此攻击到诚恳的学术辩论，他们总是能够激发彼此的新认知，收到意想不到的双赢效果。

海森堡加入研究班时，索末菲正倾心研究原子辐射的光谱问题。索末菲建议海森堡重点关注流体动力学与量子光谱学问题。几周之后，索末菲就给海森堡布置了较为困难的"作业"，要求海森堡研究光谱学中"反常塞曼效应"的新数据，并尝试构建一个能够推导出这类分裂的公式。"塞曼效应"指原子的光谱线受外界磁场影响出现一分为三并且等间隔的现象。"反常塞曼效应"较为复杂，是指在磁场很弱的情况下，谱线分裂条数不一定是三条，间隔

① ［美］大卫·卡西迪. 维尔纳·海森伯传：超越不确定性［M］. 方在庆主译. 长沙：湖南科学技术出版社，2018：91-93.

也不再相等。海森堡关于光谱线的报告在研究班上引起了长时间的争论，体现出他具备了从事原子物理学研究的潜力。在索末菲的指导下，海森堡在大学二年级就发表了四篇论文，其中一篇发表于入学第三学期，是关于流体力学问题的研究，其他三篇是关于原子光谱问题的研究。此时的海森堡已经进入了原子物理研究的前沿领域。

1922 年，哥本哈根大学的玻尔应玻恩之邀到哥廷根大学，为德国理论物理学家和学生进行了长达两周的关于原子物理学的讲座，海森堡有机会参加了这次活动。讲座共七场，对量子理论的发展起到了很大的促进作用，被物理学界尊称为"玻尔节"。"玻尔节"期间，海森堡第一次全面了解了玻尔的定态原子模型，并结识了哥廷根大学的物理学掌门人玻恩。在当时，玻尔建立的定态原子模型虽然能够解释巴尔末氢原子光谱的经验公式，精确地算出里德堡常数，并且还预言了一些后来发现的新谱线，但它只能被用于确定最简单的氢原子中的能态，不能够作为一种普遍适用的方法确定较复杂的原子中的能态，也不能够对确定与原子的发射和吸收相联系的光的频率和强度提供系统的方式。海森堡试图解决上述问题，他开始寻找处理原子与光的相互作用问题的系统方式，但这个问题很快就被玻恩解决了。玻恩在"玻尔节"之后不久，就宣布了他的新方法："研究者们凭想象随意设计原子和分子模型的时代也许已经过去了。相反，我们现在应该通过量子法则的应用，以一定的，尽管还是不完全的确定性来构建模型。"[1]

海森堡在"玻尔节"之后的第四个月，被索末菲派送到哥廷根大学短期加入玻恩的研究团队。在哥廷根大学，玻尔的讲座继续激发着大家研究量子理论的热情，乃至玻恩把当时的研究局面称作"量子力学建立前的时代"。那时玻恩和他的合作者致力于查找玻尔半经典半量子理论的弱点和矛盾之处。玻尔的量子理论之所以说是半经典的，是因为电子还在按照经典力学原理在其轨道上运行；之所以说是半量子的，是因为电子的运动轨道是量子化的，轨道的排布和电子跃迁的发生则遵循原子的量子规则。玻恩等人希望能够探索出一条新的量子理论道路，使量子规则不再是外在强加的因素，而成为内在于模型本身的东西。海森堡认为这个研究方向是哥廷根最大的优势。在为数不多的智力精英的努力下，1922 年到 1924 年期间，量

① 转引自［美］大卫·卡西迪.维尔纳·海森伯传：超越不确定性［M］.方在庆主译.长沙：湖南科学技术出版社，2018：125.

子理论的研究进入了类似于库恩范式论中所说的科学革命爆发前的"危机"时期。

从 1920 年秋天进入大学到 1927 年成为莱比锡大学理论物理学教授，海森堡在此期间开展学习和工作的主阵地是当时以量子理论研究为核心的三个量子研究中心：索末菲领导的慕尼黑中心、玻恩领导的哥廷根中心和玻尔领导的哥本哈根中心。他受到了三位在量子理论研究方面起领导作用的原子物理学家的赏识与指导。索末菲把海森堡带入了一个富有前途的探索领域；玻恩是海森堡创立矩阵力学的重要合作者和启发者；玻尔则是海森堡提出不确定性关系和成为量子力学哥本哈根解释成员的促进者。[①] 海森堡的求学历史与不凡际遇表明，一个人的学术成功除了个人天赋与勤奋努力之外，也离不开导师的指引、广泛的学术交往、同道之间深入的学术研讨等，而海森堡幸运地同时拥有了这一切。

三、矩阵力学的诞生

20 世纪之初原子问题备受关注，很多物理学家根据玻尔的定态模型进一步理解了原子结构并尝试解释它们的已知性质，索末菲进一步完善了原子理论，提出了玻尔 – 索末菲模型。但尽管这个新模型能够解释一系列奇怪的原子现象，理论本身却依然是量子与经典概念的混合体，存在明显的缺陷。海森堡在研究原子光谱问题时提出了原子的"核心模型"，并在 1922 年发表了第一篇阐述这个模型的论文。"核心模型"可以解释所有已知的关于价电子和剩余"核心"电子结合的证据，通过这篇论文，索末菲看到海森堡已经显现出"一种跳跃到解决看似不可能解决的问题的天赋"[②]。"核心模型"的思想成为海森堡迈向矩阵力学的第一步。

海森堡科学生涯的巨大转折点是跟随索末菲前往哥廷根参加玻尔的量子物理学系列讲座。在海森堡看来，玻尔的理论总是依靠直觉与灵感而非详细的数学计算得到结论，而他本人则坚信，任何理论都应该从数学出发，于是他对玻尔的一个假设进行了大胆的批评。辩论结束之后，玻尔邀请海森堡一起去散步，以便更深入地了解海森堡的见解，就这样，海森堡与玻尔"不打不相识"。海森堡回忆说，这次散步对他的科学生涯产生了极其深刻的影响，他甚至认为，自己真正的科学生涯就是

---

① 参见：成素梅. 改变观念：量子纠缠引发的哲学革命［M］. 北京：科学出版社，2020.
② D. C. Cassidy, *Uncertainty: The life and science of Werner Heisenberg*, New York: Freeman, 1992, p.147.

从那天下午开始的。[①] 与此同时，玻尔的人格魅力赢得了海森堡的好感，成为海森堡深入量子论研究的导师和知己。

海森堡于 1923 年 7 月获得博士学位，两个月之后，他到达哥廷根大学成为玻恩的助理。当时玻恩准备抛弃海森堡的核心模型，试图以一种称为"量子力学"的理论取代玻尔 – 索末菲的旧量子论。此时的物理学正处在一个非常迷茫与艰难的时刻，物理学家们早已意识到了危机的到来。泡利认为，现有理论无法解释反常塞曼效应，必须要进行彻底的革新。玻恩也确信，物理学已经到了需要重建的地步，量子规则与经典物理学定律的混杂使用已经到了极限，不能再把理论缝缝补补。玻尔 – 索末菲模型就是经典与量子混用的产物，必须被逻辑上更自洽的"量子力学"这个全新的理论取代。玻尔坚信，要想解决当下面对的问题，只有打破传统观念的束缚，勇敢地跳出来。玻尔相信，海森堡正是迈出这一步的人。

1924 年 3 月，应玻尔之邀，海森堡利用假期第一次对哥本哈根进行了为期一个月的访问。这次访问促进了哥廷根物理学家和哥本哈根物理学家之间的进一步合作。在访问期间，海森堡和玻尔讨论的议题从哲学问题、技术性问题到核心模型和量子原理，范围颇为广泛。玻尔研究所精英云集，泡利、狄拉克、约丹这几位天赋绝伦的青年物理学家和研究所的自由精神与"量子氛围"，为海森堡带来了很大的智力启迪。

◎图 4-4 玻尔、海森堡和泡利（从左到右）讨论问题
◎图 4-5 费米、海森堡以及泡利（从左到右）

---

① 成素梅. 跨越界线：哲人科学家——海森堡 [M]. 福州：福建教育出版社，1998：98-99.

海森堡这次访问的重要收获之一是，对玻尔－克喇末－斯莱特的新理论（简称 BKS 理论）有了深入了解。这个理论试图用波动理论来说明光的粒子行为，但代价是放弃能量守恒定律与动量守恒定律，这是非常大胆的设想。尽管 BKS 理论后来被证明是错误的，但在当时对于深化量子论的研究提供了批判对象和理论启发。1924 年 4 月，海森堡结束哥本哈根的访问回到哥廷根后，就在 BKS 理论的启发下重新着手研究氢原子的谱线问题。玻恩则通过经典微扰理论推出了电子运动的表达式，利用玻尔－索末菲的量子条件获得了量子频率同振动频率之间的联系。泡利在研究 BKS 和"核心模型"的基础上发现了著名的"泡利不相容原理"：在一个原子中不可能有四个量子数全部相同的两个电子处于同一个能级上。泡利不相容原理使人们对元素周期表有了更好的理解。

1925 年，海森堡对最简单的氢原子进行了认真的力学分析，试图采用更加实用的形式化方法解决问题。他从考虑玻尔的电子运动论模型出发，运用爱因斯坦在建立狭义相对论力学时的方法，强调不允许使用绝对时间之类的不可观察量，而是分析原子发射或吸收辐射中的一系列可观察的数学变量（比如辐射频率和强度这些光学量）之间的关系，以此取代了玻尔模型中无法用实验证实的也是不可观察到的轨道概念，完成了被称为"从黑暗通向物理学之光道路上的转折点"的著名论文——《关于运动学和动力学关系的量子论解释》。[1] 海森堡的这篇论文奠定了矩阵力学的基础，这就是物理学家长期寻求的能够取代经典力学的新的量子理论体系或新的原子物理学。

海森堡形成矩阵力学思想的第一启发来自玻尔的对应原理。为了使量子理论与经典理论结合起来，玻尔提出对于极大量子数的态间的跃迁经典描述也是有效的，把原子作为周期系统来分析，其运动状态可以用傅里叶级数描述为一系列谐振子的运动叠加，极大量子数的态间跃迁频率与经典频率存在着倍数关系，所以在大量子数情况下，可以用经典振幅来计算量子跃迁的强度，将其意义推广后认为量子规律与经典规律之间存在着某种对应关系。[2]

玻尔基于"自然界是和谐统一的"的哲学信念，找出了量子理论与经典理论之

---

[1] D C. Cassidy, *Uncertainty: The life and science of Werner Heisenberg*, New York: Freeman, 1992, p.222.

[2] 黄永义，张淳民. 玻尔氢原子理论，对应原理和矩阵力学 [J]. 大学物理，2018，9：4-8.

间的区别和联系，量子假设所预测的结果在某些特定的情况下会和经典理论一致。例如，我们可以想象自己就是一个量子，是微观的，我们自己有各种喜好。当我们整个班级上的所有人形成了一个大的集体，它是宏观的，这时自己的喜好，和班级所有人形成的集体的喜好就有些不一样，但是在某些方面却是可以一致的。因此，玻尔就以这样的方式搭建起了量子理论与经典理论之间的桥梁，并且认为宏观与微观不存在严格的鸿沟。海森堡根据对应原理找到了数学根据，应用于矩阵力学的建立，使得原本只是一种实验研究的经验原则，变成了研究原子内部运动过程的一种科学方法。

海森堡形成矩阵力学思想的另一启发是"可观察性"原则：理论应该建立在可观察量上，即实验可观察的量，而不是玻尔所认为的电子定态轨道、运动速度等。海森堡认为，既然在实验中无法确定电子在原子中的具体位置、速度等物理量，那就理应去寻找实验能够测量的结果或者数值。原则上，我们可以对所观察的数值进行数学抽象并研究其背后的物理意义，以此来找到问题的答案。对于原子结构，我们所能观察到的只有电子跃迁时产生的谱线的相对强度和频率。海森堡就想到，应该用抽象的数组或矩阵来表示物理中观察不到的轨迹等，这些数组或矩阵中的数字就代表了原子发射或吸收时可以观察到的辐射。

海森堡对玻尔的旧量子理论提出了异议："电子的周期性轨道根本不存在，直接观察到的只有分立的定态能量和谱线强度，唯一的出路就是建立新的力学体系。"事实证明，海森堡的想法是正确的，矩阵就是他突破困境的最好办法。

虽然海森堡有了矩阵思想，但其中的具体内涵他自己也琢磨不透，比如奇怪的数学形式。9月，玻恩了解到海森堡的最新进展，很快与约丹合作一起发表了《论量子力学》一文，找到了矩阵这个陌生的数学体系的运算法则，对矩阵力学原理进行了深入研究并将海森堡的思想发展为量子力学的一种理论体系。11月，海森堡、玻恩以及约丹三人通力合作发表了《关于运动学和力学关系的量子论的重新解释》，再加上随着电子

◎图4-6 狄拉克与海森堡

自旋概念的提出（自旋是粒子的内禀属性，是一个纯量子概念，与自转有本质的不同），矩阵力学进一步推进了建立新力学体系的进程。矩阵力学自然而然地为物理学家清理了旧量子理论中的经典因素，并提供了数学依据。狄拉克注意到了海森堡的思想，发现海森堡新量子理论中的对易关系与经典力学中的泊松括号等同，于是几乎与海森堡等人同时，于 1925 年 11 月发表了《量子力学基本方程》，利用泊松括号和对应原理实现了经典力学方程向量子力学方程的转换，矩阵力学才真正地建立起来。

四、不确定性关系的提出

正当海森堡等人运用矩阵力学来重新解释原子现象时，1926 年初，埃尔文·薛定谔另辟蹊径，提出了另一种全新的理论——波动力学。薛定谔等人很快证明，这两种力学虽然在形式和内容上有所不同，但在数学上是等价的。随后，狄拉克和约丹提出了一个"变换理论"，从数学上统一了矩阵力学和波动力学，但对于形式体系的理解却带来了超出物理学内容本身的一系列涉及本体论和认识论的争论。由于波动力学运用的数学是物理学家熟悉的微分方程，因而更受欢迎。这也使把全部精力奉献给量子跃迁、分立的粒子等不连续性研究的玻尔和海森堡等人与单枪匹马的薛定谔形成了两个对立阵营。此后，对于薛定谔方程中波函数的理解和解释成为热点话题。

海森堡明确表示不把矩阵仅仅当作数学工具，他在物理学之中已经认为矩阵具有物理意义。[1] 矩阵运算中最惊人的特点是，两个矩阵相乘是不可交换的，通常运算法则中的乘法交换律不再适用。两个正则共轭的动力学变量不服从乘法交换律，这两个变量被称为"不对易量"或"共轭量"，例如位置与动量、能量与时间。1927 年 2 月 23 日，海森堡在寄给泡利的一封长达 14 页的信中，分析了"感知"概念的物理意义，并对粒子位置、速度和轨道在操作意义上进行了重新定义，他根据狄拉克－约丹变换关系，用乘法矩阵取代共轭变量统一了量子力学的形式体系，立足于具体的实验测量操作陈述了不确定性关系的基本概要。这也是他一个月之后

---

① D. C. Cassidy, *Uncertainty: The life and science of Werner Heisenberg*, New York: Freeman, 1992, p.245.

在德国《物理学杂志》上公开宣布的观点。[①]

　　海森堡认为，不仅两个共轭变量中有一个变量是不可控制的，而且这种不可控制对于两个变量而言是相互的，无论实验仪器多么精确，对于共轭变量的测量在本质上总是存在着基本的不精确性。他举例说，就像显微镜测量电子的位置，这种测量的准确性受到照射在电子上的光的波长的限制。原则上，如果使用波

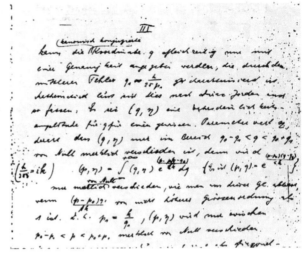

◎图4-7　海森堡给泡利的信（片段）

长非常短的光，可以获得更加精确的电子位置，比如在使用射线情况下，康普顿效应就不能被忽略。也就是说，电子和光存在相互作用，至少有一个光子与电子产生碰撞。因此，海森堡认为，在精确知道粒子位置的那一刻，它的动量就不能被准确知道了，因为产生了碰撞会影响动量，所以位置如果被精确测量，动量就无法确定，反之亦然。如果用 Δp 和 Δq 表示我们观察到的电子位置和动量的"误差"或"不确定性"，那么不确定性的公式可以表示为：

$$\Delta p \Delta q \geq \frac{h}{4\pi}$$

　　其中，h 是普朗克常数，表明我们无法同时准确测量位置与动量。这种不确定性关系不仅适用于位置与动量，还适用于能量与时间，即用 ΔE 和 Δt 分别表示能量和时间的不确定性，那么不确定性可表示为：

$$\Delta E \Delta t \geq \frac{h}{4\pi}$$

　　海森堡认为，这种不确定性关系不只是数学抽象，而是与经验相一致。不确定性关系揭示了量子力学与经典力学之间的根本差别。在经典力学中，已知一个粒子在某一瞬间的确切位置和速度，就能计算出它在未来任意时刻的位置和速度，然而

---

① 成素梅．跨越界线：哲人科学家——海森堡［M］．福州：福建教育出版社，1998：144-145.

在微观领域内，不确定性关系否定了这种观点。为此海森堡断言，因果律的严格阐述，已经不是一个结论，而是一个错误的前提。在原子世界里，电子的位置和速度是不可能绝对精确地已知的，人们仅能计算未来任何时刻电子的位置和速度的一种可能性的范围，在这些可能性之中，电子的实际运动来源于其中的一种可能性。因此，单个电子未来运动的不确定性，使量子力学的定律和预言在一般意义上只能是统计性的。[①] 海森堡不确定性关系的提出，为最终形成量子力学的哥本哈根解释奠定了基础。最终，海森堡由于对量子力学的贡献和同素异形氢的发现荣获 1932 年度诺贝尔物理学奖。

五、哲学见解

如前所述，海森堡不仅在中学时代就对哲学问题感兴趣并了解了古希腊哲学和康德哲学，而且在创建矩阵力学、提出不确定性关系以及理解量子力学的数学体系时，对因果性、统计性、实在性等问题有过系统的思考。他认为，物理学理论的内容不能只看成是对数学公式的阐述，而更重要的是理论提出的新概念。海森堡在晚年时，把古希腊以来物理学概念的变化、笛卡尔以来哲学观念的发展、物理学中的毕达哥拉斯主义以及现代物理学中的语言与实在等方面的演讲整理汇集成一本论文集，取名为《物理学与哲学：现代物理学中的革命》并出版。这本演讲集被译成多种语言（包括中文在内）在不同的国家出版，成为研究海森堡哲学思想的主要依据之一。[②] 海森堡的哲学见解大致可归纳为三个方面：

其一，科学家的工作以哲学信念为基础。虽然海森堡始终是在追求一个明晰的物理学概念体系，而不是进行纯哲学研究，但他在为《爱因斯坦与玻恩的通信集》撰写的序言中评论说，所有科学家的工作，不管是有意识的还是无意识的，都以某种哲学看法为基础，特别是，以作为进一步发展的可靠根据的特定思想结构为基础。如果没有这种明确的看法，所产生的观念之间的联系和概念就不可能达到清晰的程度。因此，这种清晰性对科学工作来说是必不可少的。大多数科学家都愿意接受新的经验证据，并且承认与他们的哲学框架相符合的新结果。但是，在科学进步

---

① 成素梅.跨越界线：哲人科学家——海森堡［M］.福州：福建教育出版社，1998：155.
② 成素梅.跨越界线：哲人科学家——海森堡［M］.福州：福建教育出版社，1998：159.

的过程中，也会发生这样的情况：一系列新的经验证据，只有当科学家付出巨大努力扩展他们的哲学框架和改变思想进程的结构时，才能得到完全的理解。爱因斯坦在量子力学上就显然不愿意迈出这一步或不再会这么做。①

在这里，海森堡将爱因斯坦看成是恪守经典哲学信念的保守派，将能够根据新的经验证据扩展自己哲学框架的物理学家看成是勇于变革思想的先锋派。这也表明，哲学信念与科学发展之间的关系是非线性的和复杂的。哲学既构成了科学家深耕科学前沿领地的"前结构"，同时也需要随着科学发展而发展。虽然科学家在他们的实践过程中，通常无法将这些先存观念或先存理解条理分明地或清晰地表述出来，但他们对世界的理解或把握却在某种程度上受到这些奠基性观念的促进或制约。

其二，在微观领域内使用经典概念是危险的。海森堡为了揭示用经典物理学概念来描述像电子或光子之类的微观粒子时的不适当性，曾叙述过玻尔喜欢讲的一个故事：一个小孩子拿着两便士跑到商店，要求售货员卖给他两便士的杂拌糖。售货员给了他两块糖，然后说"你自己把他们混合起来吧"。海森堡认为，这个看似非常简单的故事却深刻地意味着，当我们只有两个对象时，"混合"这个词便失去了应有的意义，同样，当我们处理最小的微观粒子时，诸如位置、速度、测量、现象、实在之类的经典概念，也相应地失去了原先赋予它们的意义。物理学家如果意识不到这一点就必然会导致无尽的争论。

海森堡希望哲学家和物理学家了解量子力学所发生的这些变化。在他看来，在量子领域内坚持使用经典概念和语言已经成为一种危险的方法。他认为，这个道理也会在其他领域内反映出来，只是还需要经历一个漫长的过程。但人们并不知道在哪里放弃一个词语的传统用法，就像在玻尔讲的故事里"混合"这个词语的用法一样，我们不能说，当只有两样东西时，把它们混合起来，那么，当我们有五样或十样东西呢？② 这类似于"谷堆悖论"中对"堆"的定义是模糊的一样。这个悖论的意思是说，1 粒谷子不是谷堆，2 粒谷子也不是谷堆，以此类推，最后得出谷子无

---

① A. Einstein, M. Born, & H. Born, *The Born-Einstein Letters: Correspondence between Albert Einstein and Max and Hedwig Born from 1916 to 1955 with commentaries by Max Born*, New York: Macmillan,1971, p.x.

② P. Buckley and F. David Peat, *A Question of Physics: Conversations in Physics and Biology*, Toronto: University of Toronto Press, 1979, pp.3–16.

法形成谷堆的结论。玻尔的故事告诉我们，日常概念在语义上本身是模糊的，无法直接推广到微观领域。

在海森堡看来，造成这种困难的根源在于，我们的语言是从我们与外在世界的不断互动中形成的，我们是这个世界的一个组成部分，我们有一种语言是我们生活中的重要事实。这种语言的形成，是为了在日常生活中，我们能够与这个世界和睦相处。这些日常语言不可能在像原子物理等这些极端的情况下还能完全适用，或者说，我们在运用经典概念时不能从宏观领域延伸到微观粒子领域。因此，就不应该指望这些词语还具有原来的意义。哲学的基本困难之一也许是：我们的思维悬置在语言之中，我们最大限度地扩展已有概念的用法，然后，陷入了它们没有意义的局势当中。

其三，海森堡运用"倾向性理论"来解释对象、仪器与测量结果之间的关系。倾向性理论的观点认为，不可观察的微观对象的特性具有潜在性，潜在性对应于现实性。正是通过测量仪器与微观对象之间的相互作用，使对象的特性由潜在的可能性转化为现实的确定性。海森堡认为："如果我们想描述在原子事件中所发生的事情，我们不得不认识到'发生'（happens）一词只能够应用于观察，而不能应用于两种观察之间的物态。它能应用于物理学的观察行为，而不是应用于心理学的观察行为，并且我们可以说，只要微观对象与测量仪器发生相互作用，那么，系统就会从'可能的'状态跃迁到'现实'的状态。"[1] 海森堡的观点与马基瑙的观点相类似。通常也把这种观点称为"潜能论"的观点。

海森堡的这些哲学见解是在他的科学研究过程中形成的。这些哲学见解揭示了科学与哲学之间复杂的相互促进关系。没有哲学思考的科学理论研究是盲目的，没有科学基础的哲学思考是空洞的。

---

① W. Heisenberg, *Physics and philosophy*, New York: Harper & Row Publishers,Inc., 1958,p. 54.

第五章

波动力学的创立者
——薛定谔

BODONG LIXUE DE CHANGLIZHE

——XUEDINGE

◎图5-1　埃尔文·薛定谔

在量子力学的形式体系中，第二个形式体系是由埃尔文·薛定谔立足于连续性，运用物理学中惯用的微分方法，基于物质波假说的启发，创立的波动力学。如果说，矩阵力学是慕尼黑、哥廷根、哥本哈根三地物理学家频繁交流和共同研究的结果，那么，波动力学则是薛定谔孤军奋战的产物。由于其数学方法简单，并使量子化成为方程解的推论，而不再是外在假定，波动力学很快赢得了大多数物理学家的赞同，波函数的解释成为新的争论焦点。1935年，薛定谔在"EPR论证"之基础上，提出了"量子纠缠"概念来阐述多体之间存在的非定域性关联，进一步明确了量子力学的非经典特征。那么，薛定谔是如何创立波动力学的？他在怎样的背景下提出如今成为开发量子信息技术资源的"量子纠缠"概念？设计"猫"实验的真实目标是什么？如何理解意识在量子测量中的作用？对这些问题的阐述构成了本章的内容。

一、维也纳大学的骄子

薛定谔于1887年8月12日出生在世界音乐之都维也纳的一个实业者家庭。维也纳这座生气勃勃、文化悠久并充满浪漫色彩的城市养育了不计其数的音乐天才。薛定谔是家中的独生子，从小受到母亲、姨妈、女保姆和护士的悉心照料，因而在充满温柔、关爱和女性体贴的氛围中长大。他一生保持记日记的习惯，后来这些日记编辑成书出版，取名"经历"。虽然薛定谔出生于音乐之都，其母亲对小提琴也情有独钟，但他本人却对音乐不感兴趣，更不会演奏任何乐器。这在当时的理论物理学家中间是少见的。薛定谔的外婆是英国人，他的母亲和姨妈的英语都很好，她们在薛定谔能够准确说德语之前，就教他学说英语，并坚持与他用英语交谈。薛定谔的第一本英语读物就是姨妈从英国为他带来的《圣经》故事。[1]

---

① [英]沃尔特·穆尔.薛定谔传[M].班立勤译.吕薇校.北京：中国对外翻译出版社，2001：4-10.

薛定谔的父亲在大学是一位工业化学家，并利用业余时间研究植物学。在薛定谔的回忆中，他的父亲非常博学，有着深厚的文化功底，喜欢关注意大利画家的作品，并亲自绘制风景画和铜版画，发表过有关系统发育的论文，对于正在成长的薛定谔来说，父亲不仅是良师益友，更是一位不知疲倦和畅谈言欢的伙伴，是可以激发他从事自己珍爱之事的帮手。①

薛定谔从小聪明伶俐，才智过人，他的小学教育是在家里进行的，当时家人聘请家庭教师为其授课。这种在当时上层社会家庭并不常见的教育方式，使薛定谔养成了喜欢度假的生活方式，甚至他的波动方程就是在度假期间提出的。薛定谔从小生活在大人的环境中，就读中学前又不曾经历学校式集体生活，缺乏与同龄人的竞争，这使其在成年后，仍然遗留着令人难以接受的孩子气。

1898年，薛定谔顺利通过中学入学考试，其就读的中学坐落于维也纳贝多芬广场附近，离家较近，物理学家路德维希·玻尔兹曼曾就读于该中学。当时，奥地利中学的课程设置同德国中学一样，以拉丁语和希腊古典文学以及日耳曼语言与文学等课程为主，数学和物理学课程设置较少。中学时期的薛定谔学习认真，成绩优异，特别是在数学和物理学上有着天才般的领悟能力，能够在课堂上领会老师讲授的内容，甚至无需通过课后作业来巩固知识要点。薛定谔也喜欢德国文学，尤其是戏剧，在中学毕业前两年，他甚至写过《戏剧随笔》。薛定谔只要有空就会去剧院观赏演出，并终身保持着这一习惯，戏剧使薛定谔认识到，生活不只是书本和理论。

在当时，成效极佳的教育模式正是以广泛涉猎希腊和罗马古典文学为基础的。很多后来成为著名科学家的人士都十分赞赏这样的文化积累，比如，物理学家马克斯·劳厄就曾谈道："如果那时我没有深入了解希腊语言和文化的内在和谐美，我未必能全身心地投入纯科学，只有人文主义色彩深厚的中学才开设这种课程，……如果你想日后在科学上有所发展，我有一个秘方：去中学学习古代语言。"②

1906年，薛定谔从中学毕业后，以大学预科优等生的身份进入维也纳大学学习物理和数学，并在玻尔兹曼的指导下迈入物理学大门。维也纳大学是历史第二

① ［英］沃尔特·穆尔．薛定谔传［M］．班立勤译．吕薇校．北京：中国对外翻译出版社，2001：8.
② 转引自：沃尔特·穆尔．薛定谔传［M］．班立勤译．吕薇校．北京：中国对外翻译出版社，2001：11.

悠久的德语大学，物理系尤其名家辈出，是多普勒、斯蒂芬、波尔兹曼、洛施密特、哈森诺尔、马赫等我们在教科书中熟悉的物理学家和哲学家工作过的地方。维也纳大学的学生来自欧洲各地，不过，以奥地利、波西米亚和匈牙利的学生为主。薛定谔在大学期间，因经常帮助同学解决数学和物理学难题而著名，喜欢探讨哲学问题，尤其是关于生命意义的问题，但他最感兴趣的课程是哈森诺尔讲授的理论物理学。哈森诺尔通俗易懂的讲课风格使薛定谔感受到了学习高深知识所带来的快乐。维也纳大学物理系的研究传统为薛定谔进入量子论的视域奠定了坚实的学科基础。

◎图5-2　维也纳大学主楼（成素梅拍摄）

◎图5-3　维也纳大学的新校区（成素梅拍摄）

　　薛定谔在大学时期最亲密的朋友并不是来自物理学专业，而是来自植物学专业。他们在一起经常谈论哲学问题，包括生命意义问题，薛定谔在1944年出版的论著《生命是什么》与这些讨论直接相关。这本书出版后产生了很大影响，它不仅被翻译成多国语言，而且使物理学家相信，物理学方法可以解决生物学问题，同时，它鼓励生物学家敢于运用数学和物理学模型思考问题，还促使DNA的发现者沃森将寻找基因的秘密作为自己的研究方向，促进了分子生命学的诞生。

　　1910年5月，薛定谔通过题为《潮湿空气中绝缘体表面的电传导》的论文，获得哲学博士学位，这篇论文是实验研究，表现出他出色的实验能力。他的论文对当时绝缘体的研究产生了影响，也为他四年之后完成电介质研究奠定了基础。23岁的薛定谔在大学毕业后不久就前往军营报到，成为炮兵部队的一名志愿者，开始了为期一年的服役生活。

薛定谔参加了一年的士官训练后，1911 年
10 月从军队回到维也纳大学，担任起实验物理
学助教。在此期间，薛定谔拥有充分的时间，有
机会接触光学仪器，可以研究光谱或者做一些干
涉测量实验。1914 年，26 岁的薛定谔成为一名
编外讲师。奥地利当时并无多少理论物理学家的
教职，薛定谔要实现成为正职教授的目标似乎遥
遥无期，于是，他萌生了放弃物理学的想法。同
年 8 月，第一次世界大战爆发，薛定谔再次应征
入伍。

◎图 5-4　青年时期的薛定谔

薛定谔在经历战争的洗礼后，却意外地坚定
了从事物理学和哲学研究的信念。战后，薛定谔在维也纳大学从事统计力学和颜色
理论的研究，并在 1920 年成为世界公认的色论权威。薛定谔在维也纳大学物理研
究所工作期间，除了物理学研究之外，还广泛阅读了东西方哲学著作并做了大量笔
记，特别是通过研读叔本华的所有著作来给战争中受伤的心灵带来慰藉，以及通过
广泛阅读并深刻思考印度教教义来反思自我尊严和生命意义等问题，乃至他后来的
为人处世方式和科研工作都颇受吠檀多哲学的影响。

1920 年离开维也纳大学后，历经德国几所大学的短暂工作，34 岁的薛定谔于
1921 年 9 月接受了苏黎世技术大学的聘请，成为那里的理论物理学教授，也是爱
因斯坦、德拜、劳厄的继任者。提出热力学第二定律的克劳修斯曾经也是这里的物
理学教授。薛定谔在苏黎世的最初几年，除了上课和研究色论外，还主要从事理想
气体的统计热力学研究，他关注慕尼黑的索末菲、哥廷根的玻恩和哥本哈根的玻尔
的工作进展，并和他们每一个人都有着密切的联系，在苏黎世工作四年多之后的
1926 年初，他做出了荣获 1933 年诺贝尔物理学奖的科学成就。

1927 年下半年，薛定谔主要在普朗克的劝说下，接受了来自德国柏林大学的
邀请，担任理论物理学教授和理论物理所所长职位，并举家迁到柏林生活与工作。
这一年在洛伦兹主持下召开的第五届索尔维会议成为量子力学史上最著名的一次会
议，对薛定谔方程中波函数的解释成为本次会议热议的焦点。在柏林期间，薛定谔
和爱因斯坦成为学术挚友，并喜欢去爱因斯坦的夏季别墅做客，他们常常会在树林

里散步或泛舟湖上。[①]1935 年，爱因斯坦等人质疑量子力学完备性的文章发表后，薛定谔成为爱因斯坦唯一愿意交流观点的人。薛定谔为了澄清量子测量与经典测量之间的差异，提出了至今依然难理解而只能操作运用的"量子纠缠"概念，并设计了著名的"猫"实验，这些工作在近 30 年后直接导致了贝尔不等式的提出，在 50 年后间接导致阿斯佩克完成了支持量子力学非定域特征的一系列实验，并奠定了开发量子信息技术的理论基础。

1955 年 6 月，薛定谔在接到赴维也纳大学任教并聘请为终身教授的正式邀请信之后，欣喜若狂，重新返回家乡维也纳生活与工作。1957 年，薛定谔获得奥地利艺术和科学勋章和联邦德国高级荣誉勋章。今天，维也纳大学主楼门口摆放着一座薛定谔的头像雕塑，上面雕刻着著名的薛定谔方程（如图 5-5 所示），这个方程也出现在奥地利为纪念薛定谔诞辰一百周年所发行的邮票的首日封上。维也纳大学主楼大厅一侧在高低不等的水晶柱上陈列着与学校相关的几位著名科学家的照片，薛定谔位于这组照片的中心（如图 5-6 所示，位于中间问号后侧的照片为薛定谔）。这表明，薛定谔成为令维也纳大学骄傲的名片。

◎图 5-5　薛定谔的头像雕塑（成素梅拍摄）　◎图 5-6　维也纳大学主楼大厅一侧的照片组（成素梅拍摄）

---

① ［英］沃尔特·穆尔.薛定谔传［M］.班立勤译.吕薇校.北京：中国对外翻译出版社，2001：169.

二、德布罗意物质波假说的启迪

薛定谔之所以能够提出波动力学，与爱因斯坦和德布罗意的工作直接相关。因为薛定谔是通过阅读爱因斯坦的文章，才有机会了解到德布罗意的研究，然后，进一步在研究德布罗意提出的物质波假说之基础上，产生了寻找波动方程的强烈意识。这段历史给我们的启发是，科学创新一定是在对问题的深挖细究过程中形成的，全身心地沉浸于研究过程不一定总是能够得到有创新的结果，但没有这个过程一定不会有创新性结果。

德布罗意于 1892 年出生于法国的贵族家庭，他自幼记忆力惊人，有着过目不忘的本领，天资聪颖，酷爱读书。他 18 岁在巴黎索邦大学学习历史和法律，1910 年获得文学学士学位，本打算从事公务员工作。但蹊跷的是，在 1911 年，比他大 17 岁的哥哥协助编辑出版第一届索尔维会议的论文集，德布罗意第一次从这本论文集中了解到当时关于光、辐射和量子特性的讨论，后来又读了庞加莱的《科学的价值》等著作，开始对物理学产生了兴趣，接着就转向学习物理学，并于 1913 年又获得理学学士学位。

德布罗意大学毕业之后进入陆军服役。第一次世界大战爆发时，德布罗意被安排在埃菲尔城的无线电报分队，并在那里工作了五年，他在工作实践中学到了不少电磁学知识。退役之后，在物理学家朗之万教授指导下攻读物理学博士学位。德布罗意在选择攻读物理学博士之前，已经从作为 X 光研究专家的哥哥那里了解到爱因斯坦提出的光量子假设：电磁波具有粒子性。德

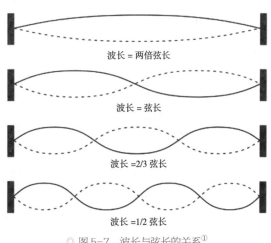

波长 = 两倍弦长

波长 = 弦长

波长 =2/3 弦长

波长 =1/2 弦长

◎ 图 5-7　波长与弦长的关系[1]

---

[1] ［英］曼吉特·库玛尔.量子传——究竟什么才是现实［M］.王乔琦译.北京：中信出版集团，2022：175.

布罗意运用历史分析法和类比法设想，既然作为电磁波的行为像粒子，那么，在一定条件下，粒子也应该相应地具有物质波的行为。

在这种想法的引导下，德布罗意猜想，电子只能占据围绕原子核的确定轨道运动，而不向外辐射能量，这种矛盾的构造，假设电子是驻波就可以得到解释，比如，拉小提琴和弹吉他等只要是两端固定的弦，就能产生各种类型的驻波。驻波最明显的特征是构成的图样都是整数个半波长，最长的驻波波长等于弦长的两倍，次一级驻波则由两个半波构成，以此类推。

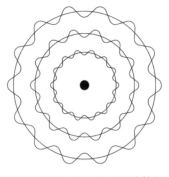

◎图5-8 量子原子中的电子驻波模型[1]

如果电子真的是波，那么，原子中的每个轨道就可能对应着如下的式样：整数个电子波正好与此轨道相匹配，并产生出所谓的驻波。电子在能级间的跃迁更像一个音调向另一个音调的转换，而不再是从一个轨道跃迁到另一个轨道（如图5-8所示），而且，将原子核周围的电子解释为驻波而非轨道上的粒子，还能够解决电子加速时的能量损失问题。

自1923年以来，德布罗意在公开发表的一系列文章中，提出了一个令整个物理学界都感到惊奇的新观点：任何物体，大到行星，小至电子，都会产生一种波，这种波既不是机械波，也不是电磁波，而是一种位相波或相波。后来，薛定谔在建立了薛定谔方程之后，在解释波函数的物理意义时，把这种波取名为"物质波"。德布罗意认为，实物粒子的运动既可用动量、能量来描述，也可用波长、频率来描述，并通过普朗克常数把描述实物粒子具有粒子性的能量和动量与描述实物粒子具有波动性的波长和频率联系起来。由此，德布罗意想到，电子作为组成原子的粒子，在一定的实验条件下，也应该表现出衍射或干涉的波动现象，并预言，可以寻找相关的实验验证。

但是，德布罗意的理论公布之后，并没有立即引起人们的重视。大多数物理学家认为，德布罗意的想法虽然有很高的独创性，但很可能只不过是些转瞬即逝的灵感而已。普朗克回忆说："早在1924年，路易·德布罗意先生阐述了他的新思

① ［英］曼吉特·库玛尔.量子传——究竟什么才是现实［M］.王乔琦译.北京：中信出版集团，2022：176.

想，即认为在一定能量的、运动着的物质粒子和一定频率的波之间有相似之处。当时这思想是如此之新颖，以至于没有一个人相信它的正确性……这个思想是如此的大胆，以至于我本人，说真的，只能摇头兴叹。我至今记忆犹新，当时洛伦兹先生……对我说，'年轻人认为抛弃物理学中的老概念简直易如反掌！'"①

　　幸运的是，就像普朗克提出能量量子化假设时是首先得到爱因斯坦的认可和推广应用一样，德布罗意预言的物质波，也是首先得到了爱因斯坦的支持。1924年，德布罗意在完成的博士论文《量子理论研究》中详细阐述了上述观点，但他的导师朗之万由于无法把握，将论文寄给爱因斯坦征求意见。爱因斯坦看到后却非常高兴，他没有料想到，自己创立的光的波粒二象性观念，被德布罗意扩展到一般粒子。当时，爱因斯坦正在撰写有关量子统计方面的论文，于是，他在文中增加了一段介绍德布罗意工作的内容。这样，德布罗意的工作凭借爱因斯坦的声誉引起学界的注意并传播开来。德布罗意也因爱因斯坦的支持，获得了梦寐以求的博士头衔。

　　在 1927 年和 1928 年间，美国实验物理学家戴维森和他的助手革末，以及英国的物理学家乔治·汤姆孙先后通过实验证实：电子在射向晶体时，确实能够像波一样产生衍射现象。现在我们使用的比光学显微镜分辨率高得多的电子显微镜正是利用了微观粒子的波动性特征研制成功的。德布罗意也因此荣获 1929 年诺贝尔物理学奖，开创了凭借博士学位论文荣获诺贝尔物理学奖的先例。

　　德布罗意的物质波理论的实验，把光的波粒二象性扩展到一切物体的波粒二象性。这表明，我们每天看到的东西，并不是如我们所看到的那样，老老实实地固定在某个地方，而是还有我们无法看到和感受到的波动性的一面。反过来，我们每天感受到的太阳光，除了具有我们熟知的波动性的一面之外，还有我们感受不到的粒子性的一面。② 如今，随着粒子的衍射、干涉和量子反射等现象的发现，从钠原子到高分子等微观粒子的德布罗意波长也已经得到测量，纳米晶体中电子衍射现象也颇受关注。物质波已经可以被明确地观察测量并用于实践中，在原子全息摄影等领域得到广泛使用（如图 5-9 所示）。

　　德布罗意提出的物质波假说具有双重意义，一是打破了旧量子论的框架，二是

① ［德］弗·赫尔内克. 原子时代的先驱者［M］. 徐新民等译. 北京：科学技术文献出版社，1981：278.

② 成素梅. 改变观念：量子纠缠引发的哲学革命［M］. 北京：科学出版社，2020：68-72.

启发了新量子论的诞生。特别是，薛定谔阅读了爱因斯坦将量子理论与德布罗意的实物粒子具有波动性的观点联系起来的论文之后，打算为物质波寻找一个在空间中演变或传播的"波动方程"。

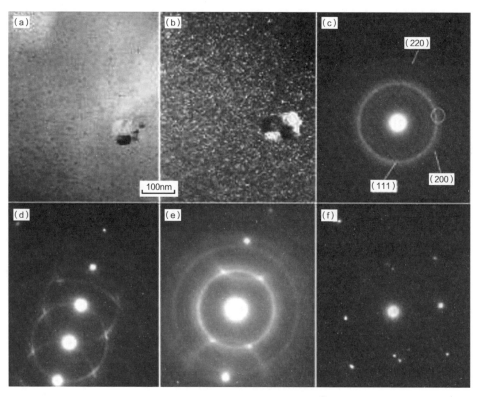

◎图5-9　纳米晶场相及电子衍射图[1]

三、波动力学的创立

爱因斯坦的文章使德布罗意的物质波假说得到很好的传播。1925年，薛定谔仔细研读了德布罗意的论文后认为，"如果没有认真考虑德布罗意与爱因斯坦有关运动粒子的波动理论"，他的气体统计学的研究"将没有任何意义"。1925年11月3日，薛定谔在给爱因斯坦的信中说，他以极大的兴趣拜读了德布罗意的论文，德

① 张金民、岳宗洪、韩顺昌. 纳米晶与单晶复合电子衍射分析［J］. 物理测试，2007，5：49-50.

布罗意对量子规则的解释与他在《物理杂志》1922 年第 12、13 期上发表的文章有关，德布罗意在更广泛的理论框架下对这个问题进行了思考，总体上比他的阐述更有价值，因为他最初并不知该如何处理。

　　1925 年圣诞假期之前，薛定谔到阿尔卑斯山度假。正是在这段比较闲暇的假期中，薛定谔可以专注于寻找波动方程。在此之前薛定谔已经写出一个建立在相对论基础上的方程，但结果不令人满意。在这次度假期间，他从经典力学的哈密顿－雅可比方程出发，利用变分法和德布罗意公式推算，最终写出了令人无比激动并掀起量子浪潮的薛定谔波动方程。

　　薛定谔在 1925 年圣诞节之后进入了长达 12 个月之久的活跃创造期，连续写了六篇论文。其中头四篇论文以相似的标题构成了一个系列文章，并在 1926 年 6 月达到了创作的高峰期，他文思敏捷，挥笔成章，这在科学史上令人无比震撼。正如《薛定谔传》作者沃尔特·穆尔所言，"当一个重要问题使他感到迷惑时，他可以达到极度甚至绝对专心致志的程度，运用了他作为理论学家全部的才智"。[1]

　　1926 年 1 月 27 日，薛定谔在向德国《物理学年鉴》提交的第一篇文章中，探讨了非相对论的和未受扰动的氢原子的情况，以一种自然的方式建立了处理原子物理现象的基本方程——波动方程，以这个方程为核心的理论取名为"波动力学"。运用波动力学处理原子核周围的电子轨道运动问题时，薛定谔顺利地推导出一个结论：电子的能量是一系列分立的值。这篇文章深化了量子理论的发展，彻底地打开了微观物理学新纪元的大门，因而也被物理学界公认为是 20 世纪物理学中最伟大成就之一。狄拉克后来评论说："它

◎图 5-10　薛定谔写出波动方程的度假别墅

①［英］沃尔特·穆尔. 薛定谔传［M］. 班立勤译. 吕薇校. 北京：中国对外翻译出版社，
　 2001：131.

包括大部分物理学，原则上也涵盖了整个化学。"①

　　1926 年 2 月 23 日，德国《物理学年鉴》收到了薛定谔第二篇论文。在这篇文章中，薛定谔根据哈密顿光学与力学之间的相似性，推导出一个更具有普遍性的非相对论的波动方程，这个方程不仅更符合物理学家的直觉，突出了波动方程的物理意义，而且还能解决矩阵力学所能处理的问题。这个方程也是任何一本量子力学教科书中都必然会提到的著名的"薛定谔方程"。这个方程在新量子力学中的地位，类似于牛顿运动方程在经典力学中的地位。

　　这两篇文章引起了强烈反响，在薛定谔之前，海森堡已经率先使用矩阵为量子力学提供了一个解，然而，物理学家并不熟悉高度抽象的矩阵算术，波动方程的出现把物理学家带回到熟悉而安心的地方，使他们不必再运用极其复杂和抽象的矩阵算法。在矩阵力学创立者中，海森堡极力反对波动力学，把矩阵与粒子视为正统，而玻恩则为波动力学能够更简洁地处理碰撞问题而深感欣慰，并且把波动力学"看成是量子定律的最深层的表述"。②

　　薛定谔在完成了这两篇论文之后，必须要做的重要工作是，阐明矩阵力学与他的波动力学之间的关系。海森堡把矩阵力学描述为"真正不连续的理论"，而薛定谔的波函数概念则是连续的。初看起来，这两种理论在形式和内容上都完全不同：一种应用了波动方程，另一种使用矩阵算术；一种描述的对象是波，另一种是粒子。薛定谔通过分析后意外地发现，从数学观点来看，这两个理论竟然是等价的，都能以一种自然的方式解释经验验证的能量量子化。这就导致量子力学拥有两种不同形式但结果等价的理论，尤其在解决问题上非但没有引发巨大的争论，反而以另一种和谐的方式共存，物理学家遇到的大部分问题，波动力学提供了简单的解决方法，但对于涉及电子自旋的问题，矩阵力学则更加适用。后来，玻恩建议将矩阵力学和波动力学统称为"量子力学"。

　　从量子理论的发展史来看，薛定谔作为波动力学之父，为把物理学的发展推向一个全新的世纪做出了举世瞩目的学术贡献，彻底地颠覆了自伽利略和牛顿以来形成的世界图像，薛定谔也因此而荣获 1933 年度的诺贝尔物理学奖。然而，物理学

① 转引自：[英]沃尔特·穆尔.薛定谔传[M].班立勤译.吕薇校.北京：中国对外翻译出版社，2001：135.
② [德]M·玻恩.碰撞的量子力学[M].原文节选.王正行译.载关洪主编.科学名著赏析：物理卷[M].太原：山西科学技术出版社，2006：249.

家在接受了波动力学之后对如何理解波函数的物理意义却深感困惑，就连薛定谔本人也没有想到，他的方程能够奇迹般地解决当时遭遇的问题，可是，究竟如何理解波函数的物理意义，却并不十分清楚。结果，闹出了"薛定谔方程比薛定谔聪明"的笑话。①

四、对本体论的追问②

自 1927 年以来，物理学家关注量子力学基本问题的重点从数学形式转向了物理解释。他们希望搞清楚一个物体为什么既能被理解成波，又能被理解成粒子。于是，薛定谔在接下来的四篇文章中，进一步完善波动力学的理论体系，并探讨波动力学中波函数的物理意义等问题。

现在我们知道，薛定谔方程中真正有划时代意义的方面，是将复数引入方程来表示波函数中无法被观察到的相位信息。但在当时，薛定谔并没有意识到这一点。薛定谔在第四篇文章中，已经阐述了将波函数绝对值的平方看成是系统的位形空间中的一种权重函数，认为波函数本身只是抽象的位型空间的函数，而不是具体的实际空间的函数，因而在三维空间中没有直接意义，已经非常类似于玻恩在不久之后提出的波函数的概率解释。③但遗憾的是，薛定谔不仅没有明确提出波函数的概率解释，而且还成为波函数的概率解释的反对者。

薛定谔当时认为，他的波动力学已经克服了玻尔理论在物理观念上的困难，成功地回到了经典思维，认为电子不是单个的粒子，而是一种连续的物质分布，主张放弃粒子概念和量子跃迁概念，接受波函数的描述。但海森堡很快意识到波函数概念并不清晰，波在空间中迟早会扩散，而电子则不会。如果一个电子从原子中逸出，根据薛定谔方程预测，波函数均匀分布在空间中任何地方，但是当电子被检测时，它就不再是波了，而是好像突然聚集在空间中的一个点。那波函数究竟是什么呢？

薛定谔用"波包"概念表征电子以反击海森堡的粒子论，认为粒子只是一种幻

---

① 杨建邺.福音：物理学的佯谬［M］.武汉：湖北教育出版社，2013：132.

② 本节的部分内容主要参考了成素梅《理论与实在》（科学出版社，2008 年出版）第 6 章第
　3 节"薛定谔的准实在论"的内容。

③ ［英］沃尔特·穆尔.薛定谔传［M］.班立勤译.吕薇校.北京：中国对外翻译出版社，
　2001：146.

想，电子本质是由波组成，粒子特征是因为一组物质波叠加到了波包上，波包在运动时整体上呈现出类似粒子的性质。比方说，我们可以找到一张纸，平铺放在桌上，此时知道它是均匀连续分布的一整张纸，但是当我们把它揉搓成一个纸团时，它就变成了一个像粒子一样的点，平铺的纸就相当于是电子的波函数，是电子真正的样子，而因为有"揉搓"这个过程，也就是我们对它的检测或观察，最后导致其形成了像粒子一样的纸团，也就是薛定谔所谓的波包（如图 5-11 所示）。

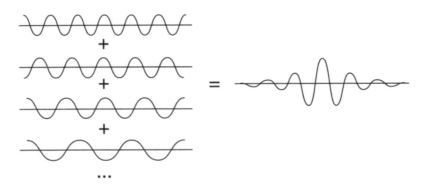

◎图 5-11　一组波函数叠加成的波包[①]

薛定谔在 1927 年发表的《从波动力学看能量交换》一文中总结说，量子跳跃或能级的假设是多余的，承认量子假设又承认共振现象，这意味着接受同一过程的两种说明。但这就像提出两个用来推诿的托词一样：一个肯定是假的，通常两个都是假的，实际上，对于这种现象的正确描述，根本不应当使用能量概念，而只应当使用频率概念。玻恩称薛定谔为"保波派"或者"唯波动论者"。然而，波动解释由于有回归到经典图像的倾向，立即受到多方面的批评。薛定谔本人经过与哥本哈根学派的重要代表人物的激烈争论之后，从 1928 年起，由于教学的需要，放弃了波动实在观，开始按照量子力学的哥本哈根学派的解释讲授量子力学，他的实在观也开始发生变化。

薛定谔在放弃波动解释后，意识到不可能在旧的经典理论的废墟上建立新的理论。在 1928-1934 年之间，薛定谔开始重新寻找新的本体论，其中，最引人注目

① ［英］曼吉特·库玛尔.量子传——究竟什么才是现实 ［M］.王乔琦译.北京：中信出版集团，2022：252.

的是他对概率因果性概念的理解。薛定谔认为，我们继承下来的因果思维习惯，使我们广泛地相信分子行为是由绝对因果关系决定的，而将非决定论的事件和非决定论的因果思想看成是荒谬的，甚至把微观因果关系看成一种信仰，这种逻辑是荒唐的，应该是支持者而不是质疑者寻找关于因果决定论的证据。

1930 年 5 月，薛定谔在《世界物理学概念的转化》一文中阐明了接受哥本哈根解释的倾向。但这种倾向是建立在批判基础上的。因为他在 1933 年获得诺贝尔奖的讲演中指出，主张把严密科学的最终目标局限于可观察的描述范围之内，绝不是一个新要求，但问题在于，坚持放弃用理论对宇宙的真实结构作出确定性描述的努力，多少有点草率。这表明，薛定谔对量子本体论的追问处于一种无归宿的犹豫动荡期。直到看到 1935 年爱因斯坦等人发表的 EPR 论证，意识到依据经典观念看待量子测量所存在的佯谬之后，他的本体论追问，才似乎找到了真正的精神寄托。并且，这种追问一直没有中断，不断有相关文章发表，比如《概率论的基础》(1947)、《存在量子跃迁吗？》(1952)、《波动力学的意义》(1953)、《基本粒子是什么》(1957)、《能量也许只是统计概念吗？》(1958)、《我的世界观》(1964) 等。

有意思的是，20 世纪 50 年代以后发展起来的多世界解释与薛定谔的波动解释思想有相似之处。近些年来，这种观点由于能够与宇宙大爆炸学说，特别是人择原理一致起来，受到像霍金那样的宇宙学家的拥护。1996 年出版的《薛定谔的量子力学哲学》一书的作者把多世界解释说成是关于量子测量问题的新的薛定谔观点。薛定谔在 1935 年对于量子测量问题的研究中，提出"量子纠缠"概念来突显量子力学的非经典特征，并且设计了"猫"实验来揭示运用经典测量观理解量子测量的悖论所在。

五、借"猫"说事 [①]

薛定谔读了 1935 年 5 月在《物理学评论》杂志上发表的"EPR 论文"后，意识到这篇文章抓住了量子力学的症结所在。薛定谔写信与爱因斯坦进行观念交

---

① 本节的部分内容主要参考了成素梅《改变观念：量子纠缠引发的哲学革命》(科学出版社，2020 年出版) 第 6 章第 1 节和第 4 节的内容。

流，他们对物理学家教条地接受哥本哈根解释，不深入思考量子测量背后隐藏的深层问题深感不满。于是，薛定谔在 EPR 论文的激发下，于 1935 年在德国《自然科学》杂志上发表了标题为《量子力学的现状》的文章，主要目标是从比较经典测量与量子测量出发，进一步从理论上加深对量子力学特别是量子测量的深层问题的理解。

薛定谔在这篇文章中，首先讨论了经典物理学中的模型与表征之间的关系。他认为，在经典物理学中，所有对象都被证明是真实存在的，物理学家能够根据实验证据，建立对对象的理论表征，通过理论表征作出预言。如果预言被实验所证实，那么，理论模型就是对对象行为的描述；如果预言得不到实验的证实，那么，就需要对模型作出修正。这样，理论模型就会向着越来越逼近实在的方向发展。这个过程是从模型中剔除主观判断的过程。这种方法的信念基础是：对象的初始状态决定了未来的演变，模型能够全面反映实在，成为"完备的模型"。然而，现实情况却是，思想适应实验的过程是无限的，因此，"完备的模型"是一个自相矛盾的术语。

接着，薛定谔讨论了量子力学中的模型变量的概率问题。他认为，量子力学中的不确定关系使得模型不再能像经典模型那样确定每个变量的值。对于位置和动量这样的共轭变量来说，确定一个变量的值，要以牺牲另一个共轭变量值的确定性为代价，位置与动量之间的关系满足海森堡的不确定性关系。这种模糊性只限于原子尺度以内。接着，薛定谔进一步追问，如果不确定性影响了宏观意义上能看得见的有形物体，那么，情况会如何呢？

为了明确问题，薛定谔设计了一个被称之为"薛定谔猫"的思想实验。他设想，把一只猫关闭在一个封闭的钢制盒子内，盒子内部装有极残忍的装置（必须保证这个装置不受猫的直接干扰）：在一台盖革计数器内置入一块极少量的放射线物质，使得在一个小时内，只有一个原子发生衰变或者没有原子发生衰变，这两种情况发生的概率都是 50%。如果原子发生了衰变，那么，计数器就放电，通过继电器启动一个榔头，榔头会打破装有氰化氢的瓶子，氰化氢挥发，会使猫中毒身亡。经过一个小时之后，如果原子没有发生衰变，那么，猫仍然活着。

可是，按照量子力学的描述，在这个盒子被打开之前，整个系统的波函数所提供的是活猫与死猫的叠加态，观察者希望知道猫的具体状态，必须打开封闭的盒子进行观看（如图 5-12 所示）。

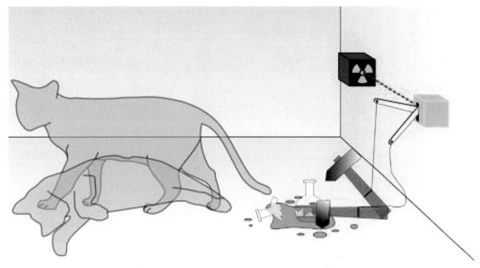

◎图5-12 "薛定谔猫"实验示意图[1]

　　这个思想实验的典型特征是，把原本只限于原子领域的不确定性，以一种巧妙的方式，转变为一种能够通过直接观察来解决的宏观层面的不确定性。薛定谔指出，如果观察者不打开盒子，那么，猫将会有50%的概率活着，有50%的概率死亡。这就使得我们难以天真地把这种"模糊的模型"接受为对实在的有效表征。就其本身而言，这并没有体现出任何矛盾，但是，从经典物理学的观点来看，在一张完全没有聚焦的照片和云雾室的快照之间，确实有着很大的不同。这个思想实验比EPR论文中的思想实验更明确地揭示了运用经典测量观来理解量子测量所存在的佯谬所在，物理学家通常把这个佯谬称为"薛定谔猫"佯谬。

　　20世纪80年代以来，物理学家对"薛定谔猫"佯谬问题的研究更加深入，进一步逼近了"经典与量子世界的边界"，开始通过实验全面地检验这方面的观点与结论。他们认为，"薛定谔猫"佯谬的问题有可能起因于对问题的不恰当表达。物理学家通过冷原子的干涉实验表明，量子测量形成了空间态和内部态的纠缠态，干涉条纹消失是内部态作为"仪器"与空间态相互作用的结果。[2]2009年，美国物理学家制造出第一台微米量级的"量子机器"，完全能用肉眼分辨，从而证明了宏

---

① 转自维基百科，Dhatfield，Diagram of Schrödinger's cat thought experiment，Schrodingers cat. svg.

② 孙昌璞. 经典与量子边界上的"薛定谔猫"[J]. 科学，2001，53（3）：8-9.

观物体也遵守量子理论的运动规律。这是一项具有划时代意义的技术发明，它不仅为物理学家实现更大物体的量子控制迈出了关键一步，而且颠覆了我们过去根据物体大小来区分宏观和微观的划分理念，从而彻底地改变了我们现有的世界观，并加深了我们对世界的认知。

这些进展离不开薛定谔在设计了"猫"实验之后，进一步提出"量子纠缠"概念对量子测量问题进行的讨论。

六、提出"量子纠缠"概念 ①

当前，国内学术界对"薛定谔猫"实验很熟悉，由于普遍缺乏对薛定谔提出"猫"实验背景的了解，反而出现了断章取义和随意夸大的现象，乃至延伸外推到佛学领域得出意识决定物质的极端看法。这事实上正是薛定谔所说的根据经典测量观对量子测量的一种不合理的外推，到目前为止，依然没有科学根据。量子测量的结果并不需要有一个观察者存在。实际上，薛定谔在设计了"猫"实验之后认为，在量子力学中，测量把波函数随时间变化的规律悬置起来，导致了相当不同的突然变化，而这种不连续的变化肯定不受其他有效的因果律支配，因为这种变化依赖于测量，而测量所得到的值并不是在测量之前就预先确定的。

这里的要点在于，对于两个曾经相互作用过的子系统来说，当它们完全分开之后，只要测量者拥有每个子系统的波函数，那么，也拥有两个子系统共同的波函数。但反之却不然。这种抽象的结果是说，一个整体的最有可能的知识不一定包括其组成部分的最有可能的知识，或者说，整体处于确定的态，而个体部分却有可能没有处于确定的态。但是，对第一个子系统的测量，总能相应地预言另一个子系统被测量时所处的状态。

这是因为，两个子系统在分开之后，总系统的知识逻辑上不再分裂成两个单一系统的知识之和。在这里，薛定谔第一次提出"纠缠"这一术语来指曾经相互作用过的两个子系统分开之后，我们能够根据对第一个子系统的测量结果预言测量第二个子系统时将会得到的结果，意指这两个子系统是相互纠缠在一起的。为了进一步

---

① 本节的部分内容主要参考了成素梅《改变观念：量子纠缠引发的哲学革命》（科学出版社，2020 年出版）第 6 章第 2 节的内容。

阐述"纠缠"概念，薛定谔接着在《剑桥哲学学会的数学进展》杂志上发表了一篇不太引人注意的文章，标题为《对分离系统之间的概率关系的讨论》。①

在这篇文章中，薛定谔继续推广 EPR 论文的讨论，第一次明确地用"量子纠缠"概念来描述 EPR 思想实验中两个曾经耦合的粒子分开之后彼此之间仍然维持某种关联的现象。"薛定谔猫"实验中猫态与原子衰变态或稳定态之间的关联就是量子纠缠态。薛定谔指出，当两个系统受

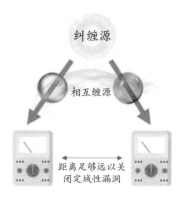

◎图 5-13 量子纠缠示意图

外力作用，在经过暂时的物理相互作用之后，再彼此分开时，我们无法再用它们相互作用之前各自具有的表达式来描述复合系统的态，两个量子态通过相互作用之后，已经纠缠在一起。② 用薛定谔的话来说，一个整体的最有可能的知识不一定包含其组成部分的最有可能的知识。这种知识的缺乏绝不是由于这种相互作用是不能够被认识的，而是由于这种相互作用本身。③

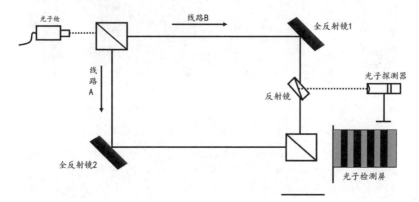

◎图 5-14 惠勒延迟实验示意图

① Schrödinger E, Discussion of Probability Relations Between Separated Systems, *Mathematical Proceedings of the Cambridge Philosophical Society*, Vol.31, No.4, 1935, pp.555-563.

② Schrödinger E, Discussion of Probability Relations Between Separated Systems, *Mathematical Proceedings of the Cambridge Philosophical Society*, Vol.31, No.4, 1935, p.555.

③ Schrödinger E, "Discussion of Probability Relations Between Separated Systems", *Mathematical Proceedings of the Cambridge Philosophical Society*, Vol.31, No.4, 1935, p.555.

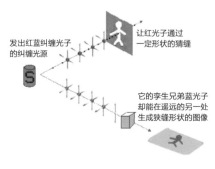

◎ 图15　幽灵成像实验示意图

发出红蓝纠缠光子的纠缠光源

让红光子通过一定形状的猜缝

它的孪生兄弟蓝光子却能在遥远的另一处生成狭缝形状的图像

这表明，在薛定谔看来，在量子测量中，宏观的可观察量在测量之前是不存在的，只在测量之后才出现。这里不存在意识的问题。这是量子力学得出的结果，而不是理解量子力学的前提。不能成为特设性的原理。1948年，惠勒提出验证光子纠缠态的实验设想：由正负电子对湮灭后所生成的一对光子应该具有两个不同的偏振方向。一年之后，吴健雄和萨科诺夫成功实现了这个实验，证实了惠勒的预言，生成了人类历史上第一对相互纠缠的光子。最近几十年来，随着实验技术的提高，惠勒延迟实验和幽灵成像实验的实现，证实了薛定谔的观点。

◎图5-16　2022年诺贝尔物理学奖获得者

　　超导约瑟夫森结SQUID制备的薛定谔猫态实验和正反方向持恒电流宏观相干叠加实验表明，物理学家有可能实现宏观尺度上的量子态叠加，这对量子信息的应用有着极其深远的意义。[①] 2022年是"量子纠缠"概念从学术界走向大众视野

――――――――――

① 孙昌璞. 经典与量子边界上的"薛定谔猫"[J]. 科学，2001，53（3）：8.

的关键之年。这一年，诺贝尔物理学奖授予法国、美国和奥地利的三位科学家阿兰·阿斯佩、约翰·弗朗西斯·克劳泽和安东·塞林格，以表彰他们利用纠缠光子做实验，来检验贝尔不等式，以及他们在开拓量子信息科学方面做出的卓越贡献。量子纠缠现象从质疑量子力学的武器，变成了刻画量子力学的特征。

第六章

确定性世界的终结者
——玻恩

QUEDINGXING SHIJIE DE ZHONGJIEZHE

——BOEN

量子力学建立起来之后，如何理解薛定谔方程中波函数的物理意义成为当时物理学家争论的焦点。马克斯·玻恩虽然发现了共轭变量之间存在的"非对易关系"，成为矩阵力学的创立者之一，但他并不像海森堡那样排斥波动力学，在粒子与波之间二选一，而是赋予波函数概率解释，并在此基础上阐述了在微观领域内，概率是第一位的，决定论是概率等于1的特殊情况的观点，成为确定性世界的终结者。那么，玻恩如何在海森堡的矩阵思想启发下写出了"非对易关系"式？为什么说他对晶格物理学上的贡献达到了诺贝尔奖的级

◎图6-1 玻恩

别？如何提出波函数的概率解释，为量子力学的建立与理解画上一个圆满的句号？对这些问题的回答构成了本章的主要内容。

一、重视实验的物理学家

马克斯·玻恩于1882年12月出生于德国布雷斯劳的一个犹太裔高级知识分子家庭。他的父亲是一位医学教授，研究胚胎学和进化机制，母亲是一位音乐家。玻恩由于自幼患有哮喘病，而无法接受正常学校教育。这不仅使玻恩各科学习成绩乏善可陈，使他对数学不感兴趣，而且，还使他形成了恐惧与人交际的心理。玻恩小时候经常到父亲的实验室里玩耍，聆听父亲与同行之间关于医学与生物学的讨论。玻恩在大学预科学校学习拉丁文、希腊文和数学，喜欢读《荷马史诗》，而且，课余生活多姿多彩，喜欢各种机械制作。良好的家庭氛围使他从小就眼界开阔，对科学产生了浓厚的兴趣。在玻恩的自传中他曾深深感慨："我真正的生活是在学校之外……"[1] 玻恩同爱因斯坦一样会拉小提琴。在第一次世界大战期间，他

---

① M. Born, *Life M. Recollections of a Nobel Laureate*, London: Taylor &Francios, 1978, pp.52-53.

和爱因斯坦经常碰面，并且一起合奏小提琴曲，一
起讨论科学等问题，有时还会发生激烈争论，但这
根本不会影响他们之间的友谊。

◎图 6-2　青年时期的玻恩

　　1900 年，玻恩的父亲病故之后，玻恩在父亲的
助理拉赫曼的引导下学习了德国古典哲学，也正是
这段时间，玻恩接受了哲学的启蒙，并对自然科学
产生了兴趣，决定致力于科学研究。1901 年，玻恩
进入父亲生前任教的布雷斯劳大学。刚进入大学校
门时，玻恩听从父亲的忠告，没有马上确定专业，
除了主修天文学外，还乐此不疲地选修了数学、科
学、艺术史和哲学。后来，玻恩的学习兴趣从天文
学转向数学。玻恩学习兴趣的转变归功于他遇到罗桑斯教授，玻恩从他那里学到了
解析几何，还有矩阵知识和基础群论等高等代数，玻恩正是依靠这些知识顺利地建
立了矩阵力学。[1]

　　玻恩在学习天文学时，虽然朗兹教授研究的重点不是玻恩感兴趣的宇宙基本问
题，但要求对仪器的精确“摆弄”吸引了玻恩，以至于他曾产生过毕生致力于天
文学研究的念头，最后因为对计算的恐惧，打消这种幻想。[2] 玻恩在学习哲学时，
感到哲学家缺乏像数学家那样的谨慎与经验，他在自传里写道：“第一次接触哲学
时，我觉得那些正在‘无限’的王国里行走、而缺少数学家们的那种谨慎和经验的
哲学家们就如同迷雾中在满是险礁的大航海上航行的船只，他们自鸣得意，而对危
险毫无所知。”[3] 因此，玻恩虽然时常会思考一些哲学问题，但对哲学家的思想体系
一向持怀疑态度。

　　1904 年，玻恩从布雷斯劳大学毕业后，曾去海德堡大学和苏黎世大学继续研
修，但对他真正有决定性意义的是在 1905 年前往哥廷根大学求学。在哥廷根大
学，他遇到了三位对他至关重要的学业导师：克莱因、希尔伯特和闵可夫斯基。这

① M. Born, *Life M. Recollections of a Nobel Laureate*, London: Taylor &Francios, 1978，pp.52-
　　53.
② M. Born, *Life M. Recollections of a Nobel Laureate*, London: Taylor &Francios, 1978，pp.52-
　　53.
③［德］M·玻恩. 我的一生和我的观点［M］. 李宝恒译. 北京：商务印书馆，1979：44.

三位造诣精深的数学家当时盛名已久。玻恩每每提及这段求学往事都心潮澎湃，感慨希尔伯特和闵可夫斯基崇高的人品深深令他折服，以及他们观察世界的方式也给了他难以忘怀的深刻印象。

玻恩初到哥廷根大学时与闵可夫斯基相交甚好，他曾说："闵可夫斯基是我伟大的朋友，并对我的科学发展具有重大的影响。"[1]然而真正与玻恩产生深厚友谊的却是希尔伯特，玻恩机缘巧合地成为希尔伯特的私人助理。在后来的工作中，希尔伯特对玻恩产生了很大的影响，他独特的数学思维像一个高山向导，总是能找到最直接和最好的路到达山顶。这种"直截了当"的方式也是玻恩钟爱希尔伯特的原因之一。玻恩在担任希尔伯特助理期间，不仅掌握了当时最先进的数学知识，还熟悉了用数学解决物理问题的一些方式。但玻恩回想起当时对数学的印象时却说："在医学界，即使是学者和科学家，同在高度抽象领域内思考的数学家相比时，也是单纯、有人情味而且直截了当的。"[2]倘若玻恩未曾遇见如希尔伯特这样一个数学大家，或许他的科研生涯会充满坎坷甚至夭折。

但是，玻恩最终还是与数学失之交臂。因为希尔伯特在给玻恩确定博士论文题目时，建议他证明塞尔函数的超越特性。然而，对于玻恩来说，高度抽象的纯数学思辨难度很大，始终找不到求解思路。希尔伯特认为，玻恩更适合做物理学研究，于是，建议他将精力集中于这一领域。1907年，玻恩选择了实验物理学方向，完成了对一个弹性学问题的实验验证，获得博士学位。在进行博士论文研究期间，玻恩渐渐感受到物理研究所带来的愉悦，于是，坚定了未来从事物理研究的决心。

玻恩博士毕业后，先是短期服兵役。1907年4月，玻恩前往英国剑桥大学跟随约瑟夫·汤姆孙短期学习结束后，返回到布雷斯劳继续研修物理学。当时，玻恩对爱因斯坦的狭义相对论很感兴趣。同样对狭义相对论深感兴趣的闵可夫斯基获悉玻恩的兴趣后，便邀请玻恩到哥廷根大学担任他的助理。不幸的是，玻恩到达哥廷根不久，闵可夫斯基便英年早逝。玻恩继承了闵可夫斯基的事业，继续从事相对论电动力学方面的研究。1909年10月获得教职后，正式开始了他在哥廷根大学的物理学教学生涯。海阔凭鱼跃，天高任鸟飞，玻恩沐浴在哥廷根大学浓厚的学术氛

[1] M, Born, *Life M. Recollections of a Nobel Laureate*, London: Taylor &Francios, 1978, pp.52-53.
[2] ［德］M·玻恩. 我的一生和我的观点［M］. 李宝恒译. 北京：商务印书馆，1979：118.

围中。后来在爱因斯坦关于热辐射的量子论思想的影响下，转向研究晶体的量子理论和分子结构。

1921 年，玻恩接替德拜成为哥廷根大学的物理学教授和物理系主任，联手弗兰克将哥廷根建设成为一个影响巨大的世界物理学中心，并且成为哥廷根学派的领袖。玻恩不仅培养了众多著名的物理学家，也成为当时推动量子力学发展的中流砥柱。1924 年，玻恩首次提出"量子力学"名称，1925 年和海森堡与约丹合作，从玻尔 – 索末菲的电子轨道理论出发，基于实验现象和可观察量，共同成为矩阵力学的主要创立者。

20 世纪初，随着物理理论的高度数学化和形式化，许多著名理论物理学家都不约而同地走上研究抽象公式而远离实验的道路。爱因斯坦就是典型代表，他说："我坚信，我们能够用纯粹数学的构造来发现概念以及把这些概念联系起来的定律，这些概念和定律是理解自然现象的钥匙。"[1] 狄拉克甚至认为，对于一条物理定律而言，符合实验和具有数学上的美感这两个标准，后者更为重要。狄拉克指出："如果物理方程在数学上不美，那就标志着一种不足，意味着理论有缺陷，需要改进，有时候数学美比实验相符合更为重要。"[2]

相比之下，玻恩则一向崇尚实验对于物理理论的重要性，这也是希尔伯特为何建议他应专心于物理而非数学的原因。玻恩自幼展现出的实验天赋在当时

◎图 6-3　中间就坐的是马克斯·玻恩，后排站着的从左到右依次是：卡尔·威廉·奥森、尼尔斯·玻尔、詹姆斯·弗兰克、奥斯卡·克莱因

①［美］爱因斯坦. 爱因斯坦文集［M］. 许良英译. 北京：商务印书馆，1976：316.
②程民治. 沉醉于科学美的物理学大师——狄拉克［J］. 大自然探索，1999，3：89-93.

是一种难能可贵的品质。也正因为玻恩极为重视实验研究，才使哥廷根物理学派有了非凡的成就。他对钟情于理论而远离实验的物理学家提出的忠告是：“……科学家应该永远牢记，……一个沉浸在自己的公式里而忘记了他要说明的现象的理论家，不是一个真正的科学家、一个真正的物理学家或者化学家……”①

二、玻恩对应法则

哥廷根大学的日子，不得不提到玻恩相识的一位匈牙利人奥多尔·冯·卡曼。在与卡曼讨论物理问题时，玻恩了解了爱因斯坦关于固体比热的量子理论，于是两人合作发表了一篇名为《关于空间点阵的振动》的论文，提出晶体中的原子振动应以点阵波的形式存在。该文是点阵动力学的奠基之作，也使他通过研究固体比热初次接触到量子理论，开辟了他的两个主要研究方向：点阵动力学和量子理论。

在点阵动力学这一新领域内，玻恩引入了几乎所有的基本概念，还带着他的许多学生发展了基于点阵动力学的固体热学、光学和力学理论。在对晶体的研究过程中，玻恩清晰地认识到，普朗克的作用量子 h 不可能像普朗克本人所期望的那样可以与牛顿和麦克斯韦的理论融合在一起，固体的振动不再是单个粒子或粒子群的经典振动，而是一种前所未有的新模式，原子领域需要一种更基本的新力学。在晶格动力学领域内，玻恩所取得的成就主要集中在他的三部伟大的著作中，分别是《点阵动力学》（1915 年）、《固体的原子理论》（1923 年）以及《晶体动力学理论》（1954 年与我国物理

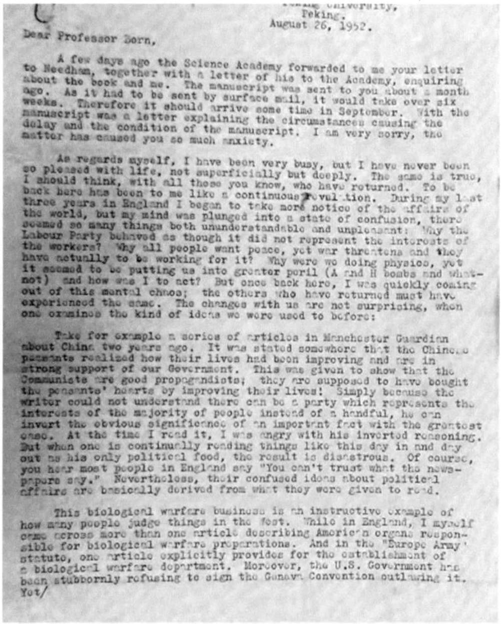

University,
Peking.
August 26, 1952.

Dear Professor Born,

A few days ago the Science Academy forwarded to me your letter to Needham, together with a letter of his to the Academy, enquiring about the book and me. The manuscript was sent to you about a month ago. As it had to be sent by surface mail, it would take over six weeks. Therefore it should arrive some time in September. With the manuscript was a letter explaining the circumstances causing the delay and the condition of the manuscript. I am very sorry, the matter has caused you so much anxiety.

As regards myself, I have been very busy, but I have never been so pleased with life, not superficially but deeply. The same is true, I should think, with all those you know, who have returned. To be back here has been to me like a continuous revelation. During my last three years in England I began to take more notice of the affairs of the world, but my mind was plunged into a state of confusion, there seemed so many things both ununderstandable and unpleasant: Why the Labour Party behaved as though it did not represent the interests of the workers? Why all people want peace, yet war threatens and they have actually to be working for it? Why were we doing physics, yet it seemed to be putting us into greater peril (A and H bombs and what-not) and how was I to act? But once back here, I was quickly coming out of this mental chaos; the others who have returned must have experienced the same. The changes with us are not surprising, when one examines the kind of ideas we were used to before:

Take for example a series of articles in Manchester Guardian about China two years ago. It was stated somewhere that the Chinese peasants realized how their lives had been improving and are in strong support of our Government. This was given to show that the Communists are good propagandists; they are supposed to have bought the peasants' hearts by improving their lives! Simply because the writer could not understand there can be a party which represents the interests of the majority of people instead of a handful, he can invert the obvious significance of an important fact with the greatest ease. At the time I read it, I was angry with his inverted reasoning. But when one is continually reading things like this day in and day out as his only political food, the result is disastrous. Of course, you hear most people in England say "You can't trust what the newspapers say." Nevertheless, their confused ideas about political affairs are basically derived from what they were given to read.

This biological warfare business is an instructive example of how many people judge things in the West. While in England, I myself came across more than one article describing American organs responsible for biological warfare preparations. And in the "Europe Army" statute, one article explicitly provides for the establishment of a biological warfare department. Moreover, the U.S. Government has been stubbornly refusing to sign the Geneva Convention outlawing it. Yet/

◎图 6-4　黄昆致玻恩函

① M. Born, *My life & my views*, New York: Scribner, 1968, pp.188–189.

学家黄昆合著）。

　　尽管起初晶体动力学并没有在科学界引起轰动，但仍被少数人非常看好，索末菲就对之大加赞赏。点阵振动对晶体的热力学性质、热传导、电导、介电和光学性质、X射线衍射等方面的理论和实验研究，都比较完善地总结在玻恩与黄昆合著的著作中。玻恩对矩阵力学的贡献也得益于他早期对晶体物理学的研究，正如诺贝尔奖得主莫特所说："无论怎样考虑玻恩的工作，在我看来，他自己对晶体物理学的巨大贡献本身就是诺贝尔奖水平的成就。若不是有玻恩，这些工作恐怕还要等上10年或更多时间。"玻恩在晶体物理学上的成就可见一斑。

　　在玻恩发表第一篇点阵论文的6年后，玻恩和朗德按照玻尔理论在研究氯化钠类型的点阵性质时，他们得出了与事实相反的结果，这使玻恩第一次对玻尔理论产生了怀疑。玻恩认为，玻尔的平面轨道并是不充分的，需要寻找一个更加一般性的理论。最终海森堡、玻恩和约丹基于根据玻尔轨道理论得出的许多否定结果，在1925年建立了矩阵力学。

　　玻恩由于在研究晶体动力学时发现了玻尔理论的问题，因而从玻尔的狂热追随者变为怀疑者。玻恩早期对玻尔理论的怀疑和思索使他在建立量子力学过程中在意识上先人一步，并且没有像索末菲和玻尔本人那样想方设法去"修补"玻尔的旧量子理论。玻恩清楚地认识到，创立一种更基本的新理论来代替玻尔的旧量子理论，是一个人无法完成的。在这种情况下，他招揽到一位物理学界的天才泡利做助理。事实证明，这位天才使玻恩学到的东西远比教授给他的多。第二位助理便是索末菲推荐的海森堡。玻恩在"玻尔节"第一次见到海森堡时，海森堡还是一个名不见经传的普通学生，海森堡在讲座上的表现给玻恩留下了深刻印象，玻恩看到了海森堡的能力与天赋。玻恩在写给爱因斯坦的信中对海森堡的夸奖是："海森堡至少和泡利一样具备天赋，但在性格上更加可爱。"[1] 在玻恩看来，海森堡是一名理想的助理。

　　玻恩试图运用天体物理的数学方法来解决原子问题，这并非一时的头脑发热，而是深思熟虑后的决定。1923年，玻恩总结说："原子是一个小型的行星系统，这是玻尔理论极具诱惑力的结果……"正是对卢瑟福的原子有核结构与太阳系统结构

---

[1] A. Einstein, M. Born, & H. Born, *The Born-Einstein Letters: Correspondence between Albert Einstein and Max and Hedwig Born from 1916-1955, with Commentaries by Max Born*, New York: Macmillan, 1971, p.73.

相似性或一致性的深思，才使他有了这种对策，并和助理泡利共同深入讨论如何将微扰理论应用于原子理论。然而，天文学的微扰理论并不能直接简单地用来处理原子问题。首先，对于周期性的运动而言，利用量子条件来对轨道电子进行量子化后才是可行的；其次，行星之间以及恒星和行星之间只存在引力，但原子核里的电子间存在斥力，并且斥力几乎相当于核对它们的引力。幸运的是，在玻恩和泡利的共同努力下，他们创造出了一种较为普遍的可以处理更复杂问题的微扰技术，即适用于简并情形又可以适用于非简并情形。玻恩在与爱因斯坦的通信中写道："我们发展了一种近似方法……我们已经开始用它计算正氦系统，并且能够证实玻尔的一个老想法：较里面的电子沿着椭圆轨道运动的更快，而该椭圆面的主轴总是指向较外面的运动较慢的电子。"①

玻恩与泡利都有扎实的数学基础，而这些工作对初来乍到的海森堡并不友好，一度使海森堡感到非常苦闷，抽象的数学似乎比物理在哥廷根更受欢迎。海森堡加入氦原子的研究中时才意识到，在这里，他将能真正学习到数学与物理。毫无疑问的是，海森堡能超越玻尔的经典量子理论得益于玻恩的训练，而他探讨量子力学时所用的主要数学方法也来自玻恩。经过多年的探索，玻恩在 1924 年发表了一篇名为《关于量子力学》的论文，首次使用了"量子力学"术语，给他所期望的新理论进行了命名，后来它成为矩阵力学与波动力学的统称。

在该篇论文中，玻恩尝试使他与泡利共同研究出的微扰理论包括具有外界周期性扰动或者内在耦合的量子现象。由于之前的失败经验，他认为可以推广克拉默斯处理原子内部电子和光波电磁场之间相互作用的方法，来处理电子体系之间的相互作用。玻恩的想法是，为了达成这种新力学，要求一种原子物理学的离散化，使它对于离散定态之间的量子跃迁不再是理论的专用公式，而是通过把适用于连续过程的微分方程换成适用于不连续性的差分方程而被纳入新物理学中。他依据玻尔的对应原理，将微分用差分方程代替，完成了这项创举。可以说，玻恩的此篇论文是继克拉默斯得到色散公式后迈向量子力学的至关重要的第二步（第三步由海森堡完成）。麦克思·贾默（Max Jammer）后来如此评价玻恩的工作："将经典公式翻译为它们相应的量子对应物的诀窍，对矩阵力学的发现具有重要的作用，……我们

① T. G. Nancy, *The End of the Certain World——The Life and Science of Max Born*, England: John Wiley & Sons, Ltd, 2005, p.184.

将简洁地称之为玻恩对应法则。"①

　　尽管玻恩对应法则没有完全超越经典力学或半经典的玻尔－索末菲量子理论，但这个新法则已经是向即将建立的量子力学迈出了一大步。玻恩关于"离散化"的概念早已在文章发表前就已形成，甚至还成为海森堡在研究反常塞曼效应时的理论背景和基础。

　　玻恩在早期的研究中已经发现玻尔理论存在的缺陷，并且确信，物理学已经到了需要从头重建的地步了。因此，他并没有执着于抓住玻尔理论正确的部分，尽管玻尔的原子论非常诱人而且思路清晰、朗若列眉，但玻恩还是将全部精力放在理论与经验不一致的错误之处，力图建立新的"量子力学"。

三、非对易关系

　　1925 年，海森堡把他完成的迈向矩阵力学第一步的论文交给玻恩，请玻恩判断是否有发表价值时，玻恩竟忙于自己的工作把论文搁置在一旁。直到几天后，当玻恩坐下来开始阅读这篇"疯狂"的论文并加以评判时，才被其中内容所吸引。玻恩清楚地意识到，海森堡一反常态对自己提出的理论犹疑不决，即便是到论文总结部分仍不敢下定论的原因是，文章中涉及一个奇怪的乘法规则。玻恩对这个问题异常着迷，这个诡异的乘法规则究竟有什么含义？这个规则让玻恩有一种似曾相识的感觉，可又难以回忆起何时见过，着实让玻恩抓耳挠腮。尽管玻恩无法指明这个诡异的乘法规则源头是何处，但敏锐的直觉使他知道，论文本身绝对深刻且有现实意义。玻恩内心其实是无比激动的，研究所里的青年才俊远比他想象的大胆而聪明。玻恩甚至坦言说："光是要跟上他们的思维有时就得付出巨大努力。"②

　　几天来，玻恩一直在埋头寻找答案。一天早上，他突然回忆起学生时代听过的一场讲座，并且意识到，海森堡提到的那奇怪的乘法其实就是矩阵乘法。当时的物理学家很少会用到矩阵乘法，这种方法通常会被纳入纯数学范畴。19 世纪中叶，英国数学家阿瑟·凯莱推导出了矩阵的加减法和乘法规则。虽然这些都是数学界早已熟知的规则，但对于海森堡这样的青年物理学家来说，矩阵是一个陌生的领域，

---

① M. Jammer, *The conceptual development of quantum mechanics*, McGraw-Hill, 1966, p.194.

② A. Einstein, M. Born, *Born-einstein Letters 1916-1955: Friendship, Politics and Physics in Uncertain Times*, New York: Palgrave Macmillan, 2005.p.82.

就他自己而言，甚至根本不清楚矩阵是什么。

玻恩找到这诡异乘法的源头后，他很清楚需要找到帮手才能将海森堡的初步计划变成囊括在原子物理学各方面的自洽理论框架，因为这需要一个对数学与物理都十分精通的人，凭他自己是无法取得进展的。玻恩首先想到的是那位高傲的天才泡利，但泡利却表示不想参与玻恩的任何研究，泡利回应说："你那些琐碎又无用的数学只会糟蹋了海森堡的物理学思想。"[1] 玻恩在失落之中无可奈何只能求救于自己的一位学生来帮助。这位学生就是帕尔夸斯·约丹。

但无心插柳之举却找到了最合适的人选。在玻恩提出邀请时，约丹欣然接受，并决心要改进海森堡的初步理论并拓展成为一种系统性的量子理论。令玻恩深感意外的是，早在海森堡发表那篇论文时，约丹就已经十分精通矩阵理论了。于是玻恩和约丹通力合作，把这些数学方法应用到量子理论中，仅花费两个月就为新量子力学提供了坚实的基础，而这个新理论被人称为"矩阵力学"。其中，玻恩发现了一个能够将位置和动量联系在一起的矩阵公式，并且，用到了普朗克常数，这个等式可表示为：

$$pq-qp=\frac{h}{2\pi i}I$$

等式中，q 和 p 分别代表位置与动量矩阵，I 则是单位矩阵，正因为有了单位矩阵，等式右边才能写成矩阵形式，也被称为"非对易关系"。此等式的发现完全归功于玻恩，他发现不在对角线上的元素全都是零。玻恩认为，非对易关系的等式包含了量子力学与其电动力学中最为重要的原理，同时也为海森堡的理论提供了数学基础。在未来的几个月内，他们构建了量子力学的全部内容。随后在年底前三人联合发表了一篇文章。

在"三人论文"发表之前，绝大多数物理学家都对海森堡的工作保持一个怀疑态度，而玻尔却从中看到，"这很可能是极为重要的一步，但目前还无法将其应用到原子结构的问题上"。[2] 此时的泡利却悄无声息地将矩阵力学成功应用于计算氢原子谱线，并发现与玻尔模型预测的结果相同，他为量子力学这个新兴的理论提供了第一个具体的证明。值得一提的是，在玻恩、约丹和海森堡撰写"三人论

[1] M. Born, *Life M. Recollections of a Nobel Laureate, Taylor &Francios*, London, 1978, p.218.
[2] A. Pais, *Inward bound: of matter and forces in the physical world*, New York: Oxford University Press, 1986. p.255.

文"时，保罗·狄拉克也在沿着与海森堡相近的思路发展量子理论，甚至发表的论文比他们完成的时间提前了足足九天。玻恩非常好奇这个家伙是怎么一个人做到这一切的。

毋庸置疑，矩阵力学的创立离不开玻恩发现的非对易关系以及矩阵的运算法则，然而，由于矩阵力学在人们的印象中发源于海森堡的奇思妙想，因此，玻恩发现的公式也就被称为"海森堡非对易关系"。但在玻恩本人看来，这是他一生中最引以为傲的发现。因此，这个公式最后被刻在玻恩的墓碑上。虽然矩阵力学问世后，所有功劳及荣誉似乎都归海森堡所有，可矩阵力学创立背后的真正推手非玻恩莫属，是他真正缔造了矩阵力学，发展了新的量子理论。

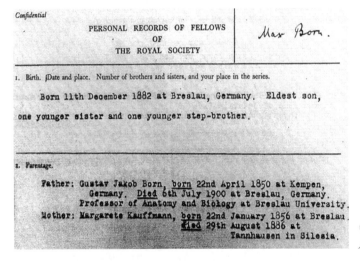

◎ 图 6-5　玻恩 1939 年加入皇家学会时的会员档案

四、上帝是掷骰子的

玻恩的眼光是独特的，自他预感到物理学需要创新之后，在短短两年时间内，海森堡率先发声，与此同时，薛定谔也在紧锣密鼓地推进他的波动力学。当矩阵力学与波动力学统一被称为"量子力学"之后，物理学家却面临着最大的困境。首先，物理学家发现，如果波与实验中能够探测到的形似粒子的电子联系起来，那么，它们在空间扩散的速度要超过光速，这就意味着，薛定谔用来表征的电子波必然散开，这种崩溃无法阻止。其次，薛定谔的波包在应用于氦原子以及其他原子的波动方程时，会消失在一个无法想象的抽象多维空间中。除此之外，波动力学也无法解释光电效应和康普顿效应，波包是怎么携带电荷的？波动力学又是否能够引入量子自旋概念？如果波函数表征的不是日常三维空间中的真实波，那么，它代表的是什么？玻恩对这些问题作出令人惊讶的解答。

1926 年，物理学界发生了巨大变化，玻恩同看到海森堡的论文时表示赞赏一样，对薛定谔的波动力学也极尽赞美，因为对玻恩而言，波动力学的波函数并不陌生，他早已对物质波的概念相当熟悉。当时玻恩已经关注到了德布罗意所做的工作，可在准备究其原委时，海森堡将诡异的乘法规则摆在了他的面前，只好先将德布罗意的理论搁置一边。波动力学的出现，正好使玻恩继续完成原来的研究。首先，玻恩认为，薛定谔放弃粒子性和量子跃迁概念太过激进，玻恩确信，在不放弃粒子性的前提下，对波函数进行全新的解释时，找到了一种运用概率将粒子与波动性编织在一起的方法。1926 年 6 月，玻恩发表了一篇名为《论碰撞过程中的量子力学》的论文，在文章的一个脚注中提到有关跃迁概率的概念。随后更加细化的第二篇论文也顺利发表，将波动力学的表述方式和量子跃迁的描述方式结合起来，证明了波函数模的平方是位形空间里的概率密度，正式提出了波函数的概率解释，并以此来代替维持不下去的波包解释。

波函数的概率解释认为，波函数的模的平方并不表示实在的电荷密度，而是表示粒子的散射概率密度，也就是说，波函数给出的是在空间各处找到电子的概率波，这是多维构型空间中的波，是一个抽象的数学量，而不是像水波或无线电波那样的三维波。波函数不能直接确定粒子的运动状态，它的模方只能确定粒子在某个位置出现的概率大小。也就是说波函数本身并没有实际的物理意义，它的模方才具有实际物理含义，但也只是告诉我们一个粒子到底出现在哪里的概率。这个解释至今依然是物理学界接受的标准解释。但问题是，这个解释向成为经典物理学基本原则的决定论提出了尖锐的挑战。

经典物理体系是完全决定性的，对于任何系统，只要得到它的初始状态以及作用在它之上的力，那么，该系统未来的任何变化都是可以确定的。而玻恩的概率解释则完全否定了这种思想。以电子与原子相撞为例，电子被散射到任何方向都有可能，这在经典力学中是可以计算出来的，但玻恩却认为，物理学无法回答原子碰撞后的状态如何，物理学所能做到的一切就是计算电子以各个角度散射的概率，无法得到碰撞后确切的位置。这就是他对波函数的全新解释。也就是说，波函数本身是没有实在意义的，它只存在于概率这个神秘的领域之中。概率解释的引入成为基本物理学的一个内在特征，它不同于经典物理中由于无知而产生的经典概率，而是作为原子固有的特征，被称为"量子概率"。

玻恩写道："'对于碰撞后的态是什么'这个问题，我们没有得到答案，我们只能问'碰撞到一特定结果的可能性如何'（这里量子力学的能量关系自然必须满足）。在这里，整个的决定论就成了问题。从我们的量子力学的观点来看，在任何一个个别的情形里，都没有一个量能够用来因果地确定碰撞的结果；不过迄今为止，我们在实验上也没有理由相信，原子会具有某种内部特性，能够要求碰撞有一个确定的结果。或许我们可以期望，将来会发现这种特性（比如相位或原子的内部运动），并且在个别的情形中把它们确定下来。或许我们应该相信，在不可能给出因果发展的条件这一点上，理论与实验的一致正是不存在这种条件的一个必然结果。我自己倾向于在原子世界里放弃决定论。"[①] 玻恩强调说，放弃决定论是哲学问题，不可能只靠物理学的论证来确定。

1928 年，伽莫夫完成的 α 衰变理论为玻恩提出的波函数的概率解释提供了有力的支持。概率解释也由于能使量子力学的形式体系同广泛的实验事实一致起来，很快被绝大多数物理学家所接受。但问题是，这种解释由于在量子力学中引入了本质上的统计性，而没有得到普朗克、爱因斯坦、薛定谔、德布罗意等在量子力学发展过程中同样起到关键作用的伟大人物的认可。玻恩在回顾他作为一名物理学家所做的工作时，深有感触地把这种状况说成是一直到 1954 年他才因为自己的工作而获得诺贝尔物理学奖的主要原因所在。[②]

◎图6-6　玻恩与印度物理学家拉曼等人的合影（拉曼是 1930 年诺贝尔物理学奖获得者）

① ［德］M·玻恩．《碰撞的量子力学》原文节选［M］．王正行译．载关洪主编．科学名著赏析：物理卷［M］．太原：山西科学技术出版社，2006：251.

② ［德］M·玻恩．我的一生和我的观点［M］．李宝恒译．北京：商务印书馆，1979：14.

五、被埋没的真正领袖

霉运似乎总是伴随着玻恩，他对物理学的贡献总是无法被人充分认可，甚至总是会被低估，这也使许多人为玻恩打抱不平，认为玻恩是最先预测物理学界将发生巨大变革的人之一，也是他屡屡在量子理论出现无法解决的问题时，挺身而出提供自己独特见解，可最终似乎并无获得什么殊荣。1932 年，海森堡因提出矩阵力学而获得诺贝尔物理学奖，可曾经作为真正主导创建矩阵力学、写下非对易关系的玻恩却榜上无名。直到 1954 年，他才因提出波函数的概率解释获得了诺贝尔物理学奖。

尤其是在矩阵力学问世之后，似乎大多数人都忽视了玻恩做出的重大贡献，所有的殊荣都归于海森堡一人，甚至海森堡在公共场合也对玻恩先前的贡献只字未提。其次是玻恩在晶体物理学领域内的贡献，依然可称得上是诺奖级别的成就，而在当时依然被众多科学家低估其价值。最后则是玻恩提出的波函数的概率解释在当时依然不被大多数威望极高的科学家认可，他们通常都极为保守，不愿放弃固有的观念，而也正是在如爱因斯坦、薛定谔等人对其理论的怀疑和批评下，导致本应属于他的诺奖迟迟未到。值得一说的是，在提出概率解释后，量子领域内又提出了不确定性关系，而从今天视角来看，海森堡的不确定性关系只是建立在概率解释上的一个推论。

◎图 6-7　晚年玻恩与妻子

对玻恩提出的波函数的概率解释的怀疑与争论尚可理解，而在波函数的概率解释被多数物理学家接受和应用后，人们却忽略了玻恩对此理论的优先权则令人无法容忍。可想而知的是，概率解释本身是极具革命性的理论，因此而遭到反对是意料之中的。其次是因为这一思想对量子理论的重要性使得一些人觊觎概念上的优先权，这使玻恩感到极其苦闷，尤其是人们都称这一

解释为哥本哈根解释，殊不知这一思想最
早应是玻恩所提出。

　　好在玻恩是一位思想极其单纯的学
者。1970 年，伟大的理论物理学家、量子
力学奠基人之一的马克斯·玻恩与世长辞，
临终之际，托付他人将名为"海森堡非对
易关系"的公式刻在他的墓碑之上。一个
他最得意的公式足以概括其一生的经历。
玻恩对概率解释的意义和作用有其独特的
领悟，他认为，概率解释不仅对于量子力
学本身不可或缺或至关重要，而且，它最
大的意义是解放人类思想。玻恩在 1954 年
诺奖的获奖报告中说道："我相信诸如绝对
必然性、绝对准确、终极真理都应该从科

◎图 6-8　玻恩的墓志铭是其最得意的公式

学中驱逐出去，……在我看来，这种思维规则的放松，是现代科学给予我们的最大
恩惠，因为在我看来，相信只有一种真理，并且认为自己拥有这一真理的信念，是
这个世界上最根本的万恶之源。"[1]

　　总而言之，玻恩在科学、哲学、伦理、宗教、政治以及历史等领域都有着极为
深刻的认识，伟大的人不应被置若罔闻，如今，我们也应时常去怀念这位真正创立
量子力学的幕后推手。1982 年，德国联邦邮政发行了玻恩与弗兰克百年诞辰纪念
邮票，来纪念玻恩和弗兰克为人类做出的科学贡献。

六、追求不变量[2]

　　量子力学中最难理解的就是量子测量问题。玻尔对量子测量的理解是一种认识
论方案，相比之下，玻恩通过不变量来理解量子测量对象或微观实体及其量子测量
结果的客观性或实在性则是在实在论意义上的理解。玻恩认为，在物理学的研究

---

[1] M. Born, *My life & my views*, New York: Scribner, 1968, pp.182-183.

[2] 本部分内容来自成素梅《量子论与科学哲学的发展》（科学出版社，2012 年出版）第 4 章
　　第 3 节的部分内容。

中，存在着两类实在：一类是简单而明显的实在，比如，实验物理学家在实验室里经常使用的工具、仪器及其小零件等；另一类是模糊而抽象的概念实在，比如，由物理学理论提出的力和场、粒子和波等令人费解的物理学概念。前者属于应用物理学的范围，后者属于理论物理学的范围。对比之下可以看出，在应用科学与理论科学之间，以及在从事应用研究的科学家与从事理论研究的科学家之间，已经出现了一条鸿沟。因此，物理学迫切需要由普通语言表达的统一哲学来架起作为实践思想的"实在"和作为理论思想的"实在"之间的桥梁。

玻恩指出，大多数物理学家"都是朴素的实在论者，并不为哲学上的微妙问题去绞尽脑汁。他们只要能观察和测量一个现象，并用他们的特殊行话去进行描述就满足了。只要他们同仪器和实验工具打交道，他们都是使用普通语言加上些适当的技术名词点缀来描述，就像在任一工艺行业中所做的那样。但是，一旦他们谈起理论来，或者说是在解释他们的观察时，就使用另一种表达方式"。① 玻恩这里所说的另一种表达方式是指利用概念和定律的方式表达理论。

为此，玻恩主张，有必要把观念、理论、公式与根据这些理论构想出的工具、仪器区别开来。如果人们承认宏观对象的存在性，就意味着没有理由否认微观对象的存在性。玻恩举例说，把一块晶体磨成粉末状，直到粉末的粒子很小，用肉眼看不见为止。但是，在显微镜下还是可以看见的。那么，这些粒子就不太真实了吗？再小的粒子也会像一个没有结构的亮点一样在显微镜下发光。如果认为由微观实体组成的微观世界只是一种虚构，那么，需要回答的问题是，在实验中科学家使用的未加工的原始实在在哪里结束呢？由抽象概念描述的无法看见的原子世界又是从哪里开始呢？

在玻恩看来，在这些粒子和单个分子或原子之间的转化是连续的。因此，你用电子显微镜能够看到大分子。如果我们认为，实在是包括实验仪器和材料在内的日常生活中的普通东西所具有的性质，那么，只有借助于仪器才能观察到的对象也应该被认为具有实在的性质。

根据这种观点，承认宏观世界的存在性，而否认微观世界的存在性，是不合情理的。不仅因为宏观世界与微观世界之间没有边界，而且，在物理学中，所有伟大的实验发现都离不开科学家的直觉，科学家通常是自由地运用模型对实验现象作出

---

① ［德］M·玻恩. 我的一生和我的观点［M］. 李宝恒译. 北京：商务印书馆，1979：88.

说明。这些模型并不是想象的产物，而是对真实事物的表征。如果实验者不使用由电子、原子核、光子、中微子、场和波等组成的模型，他或她就无法工作，也无法与同事和同行进行交流，难道这些概念能够被谴责为是无意义的概念吗？

玻恩认为："物理学中的公式体系不一定代表通常所熟悉的可理解的事物。它们是通过抽象从经验得出来，而且不断地受到实验的检验。另一方面，物理学家使用的仪器是由日常生活中所知道的材料做成的，而且能用日常语言和抽象概念来描述用这些仪器所获得的结果，例如，曝光的照相底片、数字表或曲线等，也属于这一类可描述的东西。威尔逊云雾室中微滴的径迹表示飞行中的一个粒子；照相版上黑度的间歇分布表示波的干涉。放弃这种解释就会使得直观瘫痪，而直观则是研究的源泉；放弃这种解释将使科学家之间的交往更加困难。"①

这表明，在玻恩看来，物理学家需要在实验与理论之间或在应用科学与理论科学之间，在感觉的实在与理论的实在之间形成一种合理的平衡。日常生活中的东西与科学中的东西是连续的。因此，与玻尔不同，玻恩在阐述自己的哲学观点时，所批判的对象不是物理学家的陈旧观念，而是批判当时在科学哲学家或物理哲学家的观念中颇有市场或很盛行的所谓"新"观念，即工具主义、操作主义与主观主义等反实在论和非实在论立场。玻恩在对这些立场批评的同时，"试图陈述从科学推导出来的哲学原理"。②

玻恩认为，在物理学测量中，通常可测量的量并不是物质的属性，而是物质之间的关系属性，但这并不等于就可以否定引起这些量的物质的实在性。玻恩举例说，你用一张卡片剪出一个圆，在远处灯光的照射下，观察这个圆在墙上的影子。一般情况下，这个圆的影子好像是一个椭圆，然后，旋转你的圆形卡片，你能得到的椭圆形影子的中心线的长度介于大于零和一个最大值之间。这与在相对论中长度的表现很类似，在狭义相对论中，不同的运动状态具有的值介于大于零和一个最大值之间。同样，质量介于一个最小值和无穷大之间。比如，把一条长的香肠切成具有不同斜面的椭圆形的薄片，椭圆薄片的一条中心线长度介于一个最小值和"实际的"无穷大之间。在圆卡片的那个例子中，同时观察几个不同平面上的影子，明确的一个事实是，最初的卡片形状是圆形的，并且，唯一地确定了它的半径。这个半

---

① ［德］M·玻恩. 我的一生和我的观点［M］. 李宝恒译. 北京：商务印书馆，1979：99.
② ［德］M·玻恩. 我的一生和我的观点［M］. 李宝恒译. 北京：商务印书馆，1979：20.

径是，测量者所说的一个不变量，即，圆的半径在平等投影变换下是不变的。同样，也有一个香肠的所有横截面的不变量。这个并不是说所有的感官印象都是瞬息万变的。

玻恩根据这两个例子得出的结论是，物理学中的大多数测量并不是直接与我们感兴趣的物质相关，而是与某种投影相关，也可以用分量或坐标表示。这个投影（即，前面例子中的影子）与参照系（影子可以投射在上面的墙）相比是确定的。一般情况下，有许多等价的参照系。在每一个物理学理论中，都有把相对物体在不同参照系中投影联系起来的一个规则，称之为变换律，所有这些变换都具有形成一个群的属性，即，连续两次变换的系列是一次同类变换。不变量是相对于任何参照系都有相同值的量，因此，不变量与变换无关。[①]

玻恩总结说，物理学概念结构上的主要进展在于发现，曾经被认为是物质属性的某个量，事实上，只是一个投影的属性。他以引力理论的发展为例进行了说明。他说，用现代数学语言来说，牛顿之前的重力概念与一个变换群相联系，对这个变换群来说，垂直方向是绝对确定的，重力的大小与方向是一个不变量，这意味着，重量是物体的固有属性。当牛顿发现重力是万有引力的一种特殊情况时，情况完全变了。变换群被延伸到没有确定方向的各向同性的空间，重力只成为万有引力的一个分量。经典力学中的变换通常称为伽利略变换，在这种变换中，空间与时间是分离的。狭义相对论理论中使用的洛仑兹变换把空间与时间联系了起来。这样，牛顿力学中认为是不变的量，像刚性系统中的距离、不同位置的时钟所显示的时间间隔、物体的质量等，在狭义相对论中成为投影，即，不是直接可得到的不变量的分量。在前面圆形卡片的例子中，是通过确定这些分量找到不变量。因此，这就证明了，最大长度和最小质量是狭义相对论的不变量。这些不变量是物体的属性。把不变量重新命名为固有长度、固有时间、固有质量，这样就使这些分量保持了旧的表达方式，尽管长度、质量和速度现在不是物体的属性，而是物体与参照系的关系属性。

据此，玻恩认为，在物理学中和有关世界的每个问题上，不变量的观念是获得理性的实在观的线索。变换群理论及其不变量是数学的一部分。1872年，数学家克莱因在著名的"爱尔兰根纲领"中根据这种观点讨论了几何的分类，狭义相对论

---

① M. Born, "Physical Reality", *The Philosophical Quarterly*, Vol.3, No.11, 1953, p.144.

把这个纲领延伸到四维的时空几何。对大质量的物体来说，根据这种观点，实在的问题就有一个清楚而简单的答案。

原子物理学的情况更加复杂些。在量子力学中，海森堡的不确定关系所表示的情况，并不能成为反对粒子的实在性和真实世界的客观性的论证。与实验证据相关的光子、电子、介子等粒子是指确定的不变量，即，把许多观察结合起来能够明确地建构不变量。比如，普朗克的能量公式把集中于一个小粒子的能量与需要定义的一列波联系起来。物理学家不得不牺牲某些传统概念来解决这个悖论，即，放弃了粒子遵守决定论定律的观念，接受理论只能给出概率的预言。这只是提供了关于物理世界的新的描述方式，而不是否定物理世界的实在性。

玻恩认为，在量子测量中，观察与测量并不是指自然现象本身，而是一种投影。比如说，微观粒子在一种测量设置中表现出粒子性，在另一种测量设置中表现出波动性。玻尔用互补原理表示这样的事实：一个物理实体的最大限度的知识不可能从单个观察或单个实验中获得，而是从既相互排斥又相互补充的实验安排中获得。用玻恩的术语来说，最大限度的知识只能通过相同物理实体的足够多的独立投影来获得，就像圆形卡片的例子一样，在这个例子中，通过几个不同平面的影子可确定图形的形状和不变量（即半径）。对在两个相互垂直的平面上的不同影子的观察，也说明了互补原理的本质。互补实验的最终结果是一个不变量的集合，包括电荷、质量、自旋，等等，这些不变量是对物理实体的描述。

在玻恩看来，量子物理学家已经远离了通过观察草地上的蝴蝶来洞察自然界秘密的旧式自然主义者的田野式治学模式。观察原子现象需要的仪器非常灵敏，在测量时，仪器的反应必须得到说明，而且，这种反应与所观察的粒子一样，也遵守量子定律，测量受不确定关系的制约，不确定关系使科学家无法做出决定论的预言。因此，在没有观察者介入的前提下，或者说，独立于观察者来考虑测量情况是无意义的。但是，以观察者的介入为条件，并不意味着测量结果缺乏实在性。量子力学是为了最大限度地获得信息。信息是独立于观察者和测量仪器的，是适当设计的许多实验的不变特征。实验者及其仪器显然是真实世界的一部分，在主体的作用与对象的反作用之间的边界确实是模糊的。但这并没有禁止我们以合理的方式使用这些概念。液体与其蒸气之间的边界也是不明显的，因为它们的原子永远不断地蒸发和冷凝。最终，玻恩得出的结论是，在"真实的"这个术语的通常用法的意义上，我们有理由把微观粒子看成是真实的。

玻恩以日常生活中的例子来进一步论述他的观点。他说，我们一定记得每一个人都有能力识别小时候的东西。因此，正常人的世界不是千变万化的感觉系列，而是可理解的连续变化的事件系列，在这个事件系列中，有些东西保持着同一性，尽管有些方面已经发生了变化。人的心理结构的最令人难忘的事实是，忽略感官印象的差异，只意识到不变特性。例如，你在遛狗时，你的狗看见一只兔子，追了过去，不一会儿狗在你的视野中变成了一个小点，但是你总是觉得能看见你的狗，而不是一系列不断变小的视觉印象。现代格式塔心理学已经认识到这种基本情况。玻恩在这里把"格式塔"这个词转化为"不变量"，而不是"形状"或"形式"，而且把感知的"不变量"说成是心理世界的要素，他认为，生理学和解剖学与心理学观察的结果完全一致。

人的每个神经纤维，不管是运动神经，还是感觉神经，都会把触觉、视觉、听觉等信息，转化为一个有规则的脉冲集合，大脑只能接收到这样的脉冲系列。大脑有惊人的能力解密这些几乎是同时的信息码，在这种不断变化的混合信号中，确定不变的那些特征。因此，这些不变特征决定的不是一组模糊的印象，而是可辨别的东西。科学必须接受日常生活中的概念和普通语言的表达。科学通过运用放大器、望远镜、显微镜、电磁放大器等超越日常概念与语言。当普通经验失效时，就会遇到新的情况，我们不知道如何解释所接收到的信号。假如你在显微镜下看过你的医生朋友向你展示的某些细胞或细菌：你只能看到一堆模糊的线条和颜色，而且，不得不接收医生们的用语，类似的情况也发生在使用放大器的物理学分支中。我们缺乏无意识地解密所接受到的神经信息的能力，不得不运用有意识的思维技巧、数学等策略。于是，我们运用分析把在现象流中永久性地存在的东西建构为不变量。因此，不变量是科学概念，就像日常语言中所说的"东西"一样。

但是，玻恩也认为，不变量不是普通的东西。如果我们把电子称为是我们所熟悉的粒子，但这个粒子不像是一粒沙子或一个花粉那样。根据全同性原理，电子在特定的情况下，没有个体性，它们是全同的。例如，如果你把一个电子射向一个原子，然后，原子中又飞出另一个电子，你并不知道飞出来的电子是曾经射向原子的那个电子，还是原子内部原来就有的电子。不过，玻恩认为，电子仍然具有与普通"粒子"共同的特性，这样就证明了电子的命名是合理的。其实，像在科学中一样，这种延伸命名在日常生活中也相当普遍。我们把水波说成是真的，尽管它们不是物质，只是水面的某种形状，其理由是我们能用某些不变量，比如波长和频率，

◎图6-9　德国联邦邮政发行的玻恩与弗兰克
百年诞辰纪念邮票

来描述水波。对光波来说，也同样是成立的：即使量子力学中的波函数只能提供一种概率分布，也不应该否认它的真实性。

从哲学视域来看，玻恩从不变量的视域来理解量子测量的优势在于，突出了量子测量的关系属性，进一步揭示了实体—关系—属性之间的统一性，对微观实体和测量结果进行了一种关系实在论的辩护。但是，这种理解与玻尔一样，只是对量子测量的较为宽泛的理解，并没有回答量子测量的具体问题，更没有解决"投影假设"或"波包塌缩"所提出的问题，对量子测量的"无塌缩"解释成为量子隐变量理论和多世界解释追求的目标。

第七章

量子本体论解释的追问者
——玻姆

LIANGZI BENTILUN JIESHI DE ZHUIWENZHE
——BOMU

量子力学为我们提供了解读微观世界的形式体系与概念系统，但是，对这个体系和概念的理解却很难与日常图像与语言系统一致起来，玻恩赋予波函数的概率解释，因遭遇测量难题而受到了固守决定论传统的物理学家的反对。不论是从德布罗意的双重解释理论到爱因斯坦的系统解释，还是从薛定谔的"波包"解释到埃弗雷特的多世界解释，目标都相当一致。戴维·玻姆在深刻理解了量子力学的哥本哈根解释之后，旗帜鲜明地站到反对者的行列。那么，玻姆为什么从哥本哈根解释的阐述者与传播者转变为反叛者？他提出的隐变量解释是为了守护怎样的哲学前提？他在晚年为什么又从隐变量解释又转向非定域的本体论解释？这种转向的核心是什么？对这些问题的回答构成了本章的主要内容。

◎图7-1　戴维·玻姆

一、坎坷的物理学家

玻姆于 1917 年出生于美国宾西法尼亚州北部的一个矿山小城卫尔斯·巴尔镇。他的父亲是奥匈帝国籍的犹太人，是一名在家具行业十分成功的企业家，家境殷实。他的父亲也希望自己的儿子能够继承家业，过上衣食无忧的生活。但事与愿违，玻姆自小便对经商兴致缺缺，反而对科学抱有浓厚的兴趣。八岁时，一本偶然得到的科幻小说（在当时还被称为科学小说）是他对科学产生热爱的原点，他对这本小说如痴如醉，渴望展开一场星际旅行，甚至还为此制定了前往外星的考察计划。他"疯狂"的计划吓坏了一同玩耍的伙伴，他们向玻姆的父亲告密，希望他能阻止小玻姆的"星际旅行"，这让玻姆的父亲哭笑不得。

尽管这次星际之旅以失败告终，但对浩瀚星海的向往却一直留存在玻姆内心深处，即便几十年后也未曾忘却。随着知识的积累，玻姆愈发不满足于阅读和笔头下的空想，开始着手于各种小实验和小发明。他一度对龙卷风这种奇特的自然现象着迷，利用自家厨房的火炉制作了一场"小型龙卷风"；他还动手拆解和制作了一些机械装置，并发明了一种"不滴水的壶"，这令他颇为得意。玻姆的父亲对儿子的所作所为忧心忡忡，觉得"科学"没法作为谋生手段。但玻姆并不认同父亲的看法，为了证明自己能够将"科学"作为一种工作和事业，他四处奔走调查，希望能将自己设计的"不滴水的壶"推向市场，然而，事与愿违，终难成功。

在高中阶段，玻姆接受了学校的物理学启蒙教育，很快沉迷其中。他不仅喜爱动手操作，还喜欢思考关于物理学的基础理论问题，例如："物理学理论是怎样使人们筑起对于实在的一种理解的？"诸如此类的追问，无疑锻炼了他的抽象思维能力。1935年，玻姆考上了故乡的宾州大学，开始系统学习量子力学和相对论。奇妙的量子世界让玻姆感慨自己果然选择了一条正确的道路，并将自己的目标确定为成为一名理论物理学家。

1939年，玻姆从宾州大学毕业，前往加利福尼亚州大学伯克利分校投身未来的"原子弹之父"罗伯特·奥本海默门下攻读博士学位，在这个过程中他参加了奥本海默的量子力学讲座。当时正值第二次世界大战如火如荼之际，奥本海默正领导着研制原子弹的"曼哈顿工程"。玻姆的第一个课题"氟化钠在电弧中的电离化研究"正是曼哈顿工程中分离铀238课题的一个子课题。

这一时期，玻姆的主要工作是在辐射实验室中负责等离子体、回旋加速器与同步回旋加速器等方面的研究。等离子体是一种具有极高密度的电子和带正电的金属离子的气体状物质，而玻姆则试图从它们看似偶然无序的运动中总结出规律和秩序。尽管从事的工作大多是技术性的，但玻姆从未停止过头脑中的思考。他在观察等离子体的物理机理时发现，当前急需一种金属的等离子体理论，用来改进对金属电子理论的理解。

1947年，在奥本海默的推荐下，玻姆前往普林斯顿大学任助理教授，负责教授量子力学并开设等离子体物理的相关讲座。此时玻姆

◎图7-2 青年时期的玻姆

作为科学思想家的特质明显地呈现出来，他第一次对物理学的一些重要基本概念提出挑战：玻姆提出了一种等离子体振动理论，并与维恩斯坦一起在一篇关于带电粒子振动的论文中试图证明"一个系统的关于扩散电荷的相对论性量子理论能够轻易

地导致我们关于因果性的一些概念的重要修正"。[1]

玻姆没有忘记将自己的科研方法传授给学生。他的学生潘尼斯曾这样写道："作为导师、合作者与朋友，戴维·玻姆引导我认识到物理思想与物理直觉的首要性。他教导我从许多不同透视中去观察一个特定的问题，以及使用一切必要的数学技术去检验物理思想的重要性。我非常感激他不仅在理论物理方面，而且在作为一位理论物理学家的工作方式方面给予的启蒙教导。"[2] 充满思辨性的工作方式很快给玻姆带来了回报，在普林斯顿大学，玻姆取得了第一项被世人瞩目的成就：发现了被称为"玻姆扩散"的电子现象。

玻姆在普林斯顿工作后不久，1949年5月，玻姆在参与曼哈顿工程时期的一些同事因被怀疑为共产党间谍而被捕，众议院要求玻姆为他前同事们的罪名作证，这一要求被热爱自由的玻姆严词拒绝。于是，联邦调查局以蔑视国会罪对玻姆提起公诉。巨大的压力使玻姆惴惴不安，普利斯顿大学也建议玻姆一段时间内不要在校内露面。虽然联邦调查局在一年之后撤销了这场诉讼，但玻姆也萌生了去意，他担心自己会再次陷入麦卡锡主义的浪潮中遭遇不测。最后，在奥本海默的劝说下，玻姆于1951年秋只身前往巴西的圣保罗大学任教授一职。随即，美国官方注销了玻姆的护照，玻姆从此开始了漫长的海外流亡生涯。

1955年，玻姆离开圣保罗大学，前往以色列任哈法大学技术学院任教授。玻姆在以色列邂逅了妻子莎娜·沃尔夫逊。莎娜给予了玻姆精神上的支持与鼓励，她曾这样评价玻姆："我第一次遇见戴维时，他义无反顾地去真诚地看待每一件事情的巨大勇气，深深地打动了我。他随时准备正视现实，不论结局如何。"二人最终于1957年结婚。在妻子的支持下，玻姆的第二著作《现代物理学中的因果性与机遇》很快问世。这是玻姆这一阶段研究的集大成，也是他首次系统地提出自己的自然哲学思

◎图7-3 1949年，拒绝出庭作证的玻姆

[1] M. Jammer. 大卫·玻姆和他的工作 [J]. 毛世英译. 世界科学，1991，10：56.
[2] 洪定国. 戴维·玻姆——当代卓越的量子物理学家和科学思想家 [J]. 自然辩证法通讯，1995，4：60.

想，这本著作后来被译成法语、德语、日语、中文等多种语言，在多个国家出版。

1957 年，玻姆离开以色列前往英国担任布里斯托大学威尔逊物理实验室的研究员。1959 年，玻姆和他的学生阿哈拉诺夫在先于实验证明的情况下，提出一个量子力学的理论推论。后来，物理学家用他们两人名字的首字母将这个推论所反映出的物理效应命名为"A–B 效应"。[①] 1961 年，玻姆离开了布里斯托大学到伦敦大学伯克贝克学院担任理论物理教授。在这之前，虽然美国政府撤销了对玻姆的惩罚，允许他返回美国生活，但玻姆还是选择留在伯克贝克学院继续从事他的工作。在玻姆离世一年之后的 1993 年，他与海利合著的《不可分的宇宙：量子论的一种本体论解释》[②] 一书出版，是对他持之以恒地思考量子力学基本问题的思想总结。

◎图7-4　玻姆与夫人

二、从阐释者到反叛者

玻姆在普林斯顿大学工作期间，除了教学之外，他的研究集中于两大领域，一是从事与等离子体相关的研究，二是探索对量子力学的理解，他还边教学边着手撰写了《量子力学》一书，其目标是根据量子力学的哥本哈根解释来阐明量子力学抽象数学的内在物理意义，理解"新的量子理论概念的精确性质"。玻姆在序言中提到，该书在数学说明方面受到了奥本海默讲座的影响，在哲学世界观方面受到了玻尔思想的影响，玻姆认为玻尔的思想对于合理理解量子论的哲学基础是十分重要的。《量子理论》一书能够在他离开普林斯顿之前提前面世，却是得益于玻姆在被公诉期间，因祸得福地拥有了相对充裕时间。

[①] 关于 A–B 效应的详细阐述参见成素梅《在宏观与微观之间：量子测量的解释语境与实在论》（中山大学出版社，2006 年出版）第 7 章第 3 节的内容。

[②] D. Bohm and B. J. Hiley, *The Undivided Universe: An ontological interpretation of quantum theory*, London: Routledge and Kegan Paul, 1993.

《量子理论》一书不只局限于讲解量子力学中枯燥繁琐的数学公式，更着眼于公式背后更本质的物理意义和物理思想。玻姆也不避讳谈及当时量子力学尚且无法解释的种种问题与悖论。为了解决这些问题，他还在书中写下了自己的一些启示性的思想。这无疑对量子力学的传播与理解起到了一定的推动作用。《量子理论》被认为是那个时代最好的量子力学教材。玻姆撰写《量子理论》的过程，也是自身沉淀和反思的过程，浓缩了玻姆早年理解量子力学的思想精华。泡利对此书赞不绝口，爱因斯坦在阅读后更是邀请玻姆到自己家中做客，与他促膝长谈。这本书于1960年再版，至今仍被广泛采用。

令人感到意外的是，玻姆在根据量子力学的哥本哈根解释，深入阐述了他对量子力学思想体系的理解的一年后，却从对哥本哈根解释的阐述者和传播者义无反顾地变成了反叛者。这一转变是玻姆来到圣保罗大学之后发生的。当时，由于圣保罗大学的学术氛围和设备条件与普林斯顿大学相差甚远，他只好一边继续从事量子理论的基础研究，一边思考物理学中的哲学问题。1952年，玻姆出于对清晰的本体论图像的追求，并试图在统一的世界图景中理解量子测量等问题，撰写了两篇论文，对当时占据量子理论正统地位的哥本哈根解释提出了挑战。从此，他从对量子力学哥本哈根解释的阐释者反转为挑战者。

玻姆在题目为"用'隐变量'的思想方法提出量子力学的解释"[1]的文章中，运用复杂的数学技巧阐述了有可能对量子力学作出隐变量解释的观点。他认为，在微观粒子的运动过程中，粒子的位置是隐藏着的，因为它在波函数中不出现。于是，玻姆用通常的方式定义了波函数，假定粒子总是具有精确的位置和精确的动量，总是沿着特定的轨道运动，但粒子的位置和轨道与波函数相关，大量粒子的位置的分布由概率密度精确地给出。这样，玻姆从一个完全不同的视角，把粒子的运动与哥本哈根正统解释的观念联系起来。

与正统解释所不同的是，概率的使用不再是因为粒子的属性是不确定的，而是因为物理学家的无知造成的。玻姆在多体系统中，重新阐述了类似于德布罗意所提出的"导波"理论，回答了当时德布罗意的理论无法回答的问题，为一致性地解释包括量子测量理论在内的量子现象提供了一条新的思路。

---

[1] D. Bohm, "A suggested interpretation of the Quantum theory in terms of 'hidden variable', I and II", *Physics review*, Vol.85, No.2, 1952, pp.166-193.

虽然玻姆当时提出了隐变量解释，但仍然坚持了包括空间、时间、决定论的因果性、物质的定域性概念在内的经典概念结构，因而被认为是将量子力学纳入经典概念框架的一种努力。玻姆与爱因斯坦等人质疑量子力学的方式有所不同，他不是通过设计思想实验或在 EPR 论证中推导出逻辑悖论，来证明量子力学是不完备的，而是通过在薛定谔方程中增加了"量子势"这个新变量来重新提供一个具有清晰图像的量子理论体系。

物理学家对量子力学进行隐变量解释的努力，最早开始于德布罗意和爱因斯坦。1927 年，德布罗意在索尔维会议上阐述了他的"导波理论"。在这个理论中，薛定谔方程可以有两个不同的解：一个是具有统计意义的连续的波函数；另一个是奇异解，其奇点构成所讨论的物理粒子。第二个解实际上并不存在，然而人们仍然可以认为粒子存在于这个给定的区域内；粒子处于某一定值的位置的概率来自标准方式中的概率密度，并且粒子的运动也由波函数来决定。在这个方案中，微观粒子既具有经典粒子的性质又不同于经典粒子，它始终被波函数所引导，使它在远离障碍物时可以产生衍射效应。与玻尔坚持的要么是粒子、要么是波的互补性解释有所不同，德布罗意的解释是把波粒二象性归结为是波 – 粒综合，或者说在德布罗意看来，构成物理实在的，不再要么是波要么是粒子，而是波和粒子。

在 1927 年的索尔维会议上，与玻尔解释所获得的全面胜利截然相反，德布罗意的理论并没有引起物理学家的共鸣。由于"导波理论"只与单体系统有关，不能很好地解释双体的散射过程，因而受到了当时领头物理学家泡利等人的强烈反对和严厉责难，爱因斯坦虽然有过支持隐变量解释的想法，但在会议召开之前放弃了这种想法。因此，会议期间批判的矛头重点指向了对玻尔的互补性原理，德布罗意本人因此也放弃了自己的探索。

20 世纪 30 年代，冯·诺依曼在《量子力学的数学基础》一书中，根据量子力学的概念体系提出了四个假设。以此假设为前提，他证明了，通过设计任何隐变量的观念来把量子理论置于决定论体系之中的企图，都是注定要失败的。逻辑分析的结果表明，隐变量理论和他的第四个假设相矛盾。冯·诺依曼的这种"证明"很快赢得了物理学家的信任，从而也为寻找隐变量量子论的任何企图判了死刑。这在极大程度上支持了量子力学的哥本哈根解释，并使这种解释在 20 世纪 50 年代之前成为物理学家普遍接受的正统解释或传统解释，当时包括薛定谔在内的物理学家，为了教学目标，都不得不接受哥本哈根解释。

玻姆提出的隐变量解释，首次将经典力学与量子力学的本体论思想连贯了起来，证明了一个崭新的观点，"量子本体论与经典本体论之间并不存在不可逾越的障碍"。后来，玻姆将这种理论称之为"德布罗意–玻姆理论"，玻姆的这一工作，不仅使德布罗意重新回到了自己当初的立场，而且使沉寂了25年之久的关于量子力学解释的讨论，又重新紧锣密鼓地开展起来。"德布罗意—玻姆理论"使人们对被普遍接受的冯·诺依曼的"证明"产生了怀疑，唤醒对量子力学基本问题感兴趣的物理学家重新深入细致地思考冯·诺依曼关于隐变量的不可能性证明的热情。这样，探索量子力学的一个决定论方案的兴趣，与审查冯·诺依曼证明在逻辑上是否合理的努力，成了20世纪50年之后的主题之一。①

玻姆在《现代物理学中的因果性与机遇》一书中谈到他提出量子论的隐变量解释的动机时说："首先应该记住，在这个理论提出之前，普遍存在这样一个印象：根本没有任何隐变量概念（哪怕是抽象的、假设的和'玄学的'隐变量的概念）能够与量子理论相容……因此，为了表明只是因为隐变量甚至不能被想象就抛弃它们这样一个做法是错误的，只要提出任何一个逻辑上相容的、用隐变量来说明量子力学的理论就够了，不论这种理论是多么抽象和'玄学'。"②

三、追求新的物理学直觉③

当时在美国威斯康星大学物理系工作的物理学家约翰·贝尔在读了玻姆1952年倡导隐变量的文章后，决定重新剖析量子力学的基本问题。贝尔在研究中发现，可加性假设在冯·诺依曼推理中起着的特殊作用。于是，他通过进一步考察当时存在的各种隐变量理论模型来解决这样一个明显的矛盾：如果冯·诺依曼的证明成立的话，怎么又有可能建立一个逻辑上无矛盾的隐变量理论呢？贝尔重述了冯·诺依曼的证明，推广了EPR–玻姆的思想实验，抓住了隐变量理论的共同本质，于

---

① 成素梅. 在宏观与微观之间：量子测量的解释语境与实在论［M］. 广州：中山大学出版社，2006：70-73.
② ［美］D·玻姆. 现代物理学中的因果性与机遇［M］. 秦克诚、洪定国译. 北京：商务印书馆，1965：215.
③ 本部分内容主要参考了成素梅《在宏观与微观之间：量子测量的解释语境与实在论》（中山大学出版社2006年出版）一书中第4章，"量子测量的玻姆解释语境"中的部分内容。

1964 年在"关于 EPR 悖论"一文中，证明了一个著名的"贝尔定理"：一个定域的隐变量理论不能重复量子力学的全部预言。此后，贝尔还惊奇地发现，非定域性是所有的隐变量理论与量子力学的共同属性。贝尔的这篇论文，不仅成为以后物理学与哲学研究中引用率最高的文献之一，而且使关于量子力学解释的争论从观念层次到实践层次跨出了决定性的一步。

1982 年，法国物理学家阿斯佩克特（2022 年诺贝尔物理学奖获得者之一）在许多物理学家对"贝尔定理"的扩展研究和实验方案探索之基础上所完成的实验，最终否定了存在定域隐变量理论的可能性，确定了实验结果违反贝尔不等式。贝尔不等式是贝尔总结从定域性到决定论的隐变量开始，以定域性为前提提出的。正是在这种意义上，贝尔认为，阿斯佩克特等人的实验所否定不是决定论而是定域性，或者说，贝尔定理的目的是试图揭示量子力学与定域性之间的不一致。

贝尔指出："人们必定说，这些结果是所预料到的。因为它们与量子力学预示相一致。量子力学毕竟是科学的一个极有成就的科学分支，很难相信它可能是错误的。尽管如此，人们还是认为，我也认为值得做这种非常具体的实验。这种实验把量子力学最奇特的一个特征分离了出来。原先，我们只是信赖于旁证。量子力学从没有错过。但现在我们知道了，即使在这些非常苛刻的条件下，它也会错的。"[1] 2022 年，三位诺贝尔物理学奖获得者的工作也充分证明了"贝尔定理"深远的物理意义。

贝尔的工作促使玻姆试图在非线性关系的基础上进一步阐述隐变量理论。他们把测量装置看成是系统的宏观环境的一个组成部分，重新修正他的运动方程，使其成为非线性的和非定域的。在玻姆看来，一个复合系统必须永远被看成是一个不可分割的整体。贝尔不等式能够把相分离的量子系统间存在的"量子互联性"的实验结果与人们所预期的"经典类型"的定域隐变量理论区分开来。定域性假设是指，每个系统具有的物理量与属性都与其相互关联但彼此分离的系统无关。检验贝尔不等式的物理学实验与贝尔所考虑的定域隐变量理论不相符，恰好相当有说服力地确证了"量子互联性"的存在。贝尔的工作和后来的实验在有助于澄清量子互联性的整个问题方面是有价值的。然而，我们却面临着对理解空间、时间、物质、因果联

---

[1] A. Whitaker, *Einstein, Bohr and The Quantum Dilemma*, Cambridge: Cambridge University Press,1996, p. 42.

系等概念本性的挑战。[1]

玻姆认为，如果我们满足于通常的量子力学解释，那我们就错过了这一挑战的意义。不论是把量子力学仅仅看成是一种计算工具，还是认可玻尔的互补性原理不对与一系列量子跃迁事件相联系的物理过程的基础作出描述或理解，或者，接受包含量子逻辑在内的某种理论，所有这些进路的一个共同的结论是：我们不能用直观想象的概念来理解量子力学。结果，我们就被限于只能用抽象的数学概念来处理已经确立的量子相互关联的事实。这就不可能把握这些概念的特殊意义，因为在这种数学抽象的层次上，"量子互联性"似乎与"经典的定域性"没有很大的区别。

玻姆也深有感触地说，当实验确证不存在"定域"隐变量时，他们的第一反应是惊讶，甚至是震惊，因为在他们看来，定域性已经深入地扎根于物理学家直觉概念中。只要物理学家认同不能直观想象的数学程式，似乎这些惊讶和震惊就会突然消失，因为他们退回到了借助于数学方程计算实验结果的熟悉而可靠的领域。问题是，当他们思考量子互联性时，它的意义还是像从前一样令人好奇与惊讶。这样，物理学家只能转移注意力，不再追求理解这一切究竟意味什么的问题。[2]

玻姆为了明确表明量子力学发展的新方向和空间、时间、物质等概念的基本性质，揭示量子互联性的特性，试图从他提出的量子力学的因果性解释出发，提出一种可直观想象的理解方式。

玻姆的这种追求在《不可分的宇宙：量子论的一种本体论解释》一书中体现出来。这本书是玻姆与海利经过长达 20 多年讨论所得出的结果。他们基于玻姆早期倡导的隐变量理论的基本框架，运用类比方法，通过对量子论的隐变量解释的进一步补充与修改，提出了一个更具有普遍意义的解释——量子论的本体论解释。如果说，玻姆早期的想法只是单纯地为量子论提供一个决定论的本体论基础，说明全凭想象来抛弃隐变量的做法是不成熟的话；那么，后期的追求已经发生了实质性的改变，变成了试图完全从统计力学的观点，对被量子理论所覆盖的整个领域给出一致性的处理，并得出通常解释所能接受的统计结果。

他们在这本书的前言中曾明确地指出，最初使用"隐变量解释"和"因果性解

① D. J. Bohm and B. J. Hiley, On the Intuitive Understanding of Nonlocality as Implied by Quantum Theory, *Foundation of Physics*, Vol.3, No.1, 1975, p.94.

② D. J. Bohm and B. J. Hiley, On the Intuitive Understanding of Nonlocality as Implied by Quantum Theory, *Foundations of Physics*, Vol.5, No.1, 1975, pp.95.

释"这些术语来称呼自己的解释是很有局限性的。"首先，我们的变量实际上并不隐藏着。例如，我们总是用受到波动影响的确定的位置和动量来介绍电子是一个粒子的概念。通常情况下，这个粒子远远不是隐藏着，而是在观察中最直接明了的。只是它的特性在不确定性限制的范围内是不可能被完全精确地观察到。这种类型的理论没有必要是因果性的，我们的本体论解释也可能是随机的。因此，决定论的问题是第二位的，而基本的问题是，我们是否有可能得到量子系统的恰当的实在概念。"① 基于这样的考虑，他们在阐述量子论的本体论解释的长达近三百页的著作中，只是提到了因果性解释，而不再提及"隐变量"的概念。

与我们通常所理解的隐变量理论的方法有所不同，玻姆在晚年系统化了这种本体论方法，不再是试图把量子力学塞进经典的语言框架当中，而是试图提供一种恰当的语境。在这个语境中，物理学家能够运用相同的语言来讨论经典力学和量子力学；而不是希望把一种理论还原为另一种理论，更不意味着把量子力学发展为是对经典概念的延伸，而是需要发展一种新的物理学直觉。玻姆正是凭着这样一种直觉，以一个全新的概念体系，得出了与玻尔解释完全相同的实验预言。

四、量子论的市体论解释

玻姆阐述量子论的本体论解释的出发点，是首先把微观粒子（例如电子）看成是像经典粒子一样，沿着连续的轨道随时间变化的粒子。但是，与经典粒子有所不同，微观粒子总是与一个新类型的量子场密切地联系在一起，这个量子场由满足薛定谔方程的波函数来描述。波函数所代表的量子波具有双重作用，一方面，它决定着粒子处于某一位置的可能性的大小；另一方面，它也决定着粒子的运动。微观粒子的运动既会受到与经典势相关的经典力的作用，也会受到与量子势相关的量子力的作用。由于微观粒子总是与量子场相伴随，所以，可以说，粒子加场形成的组合系统是因果决定性的系统，正是由于这个理由，玻姆在他早期的一些论文中，把他的隐变量解释也称之为是"因果性解释"。

玻姆认为与微观粒子相联系的、由薛定谔方程所描述的量子场，与由麦克斯韦

---

① D. Bohm and B. J. Hiley, *The Undivided Universe: An ontological interpretation of quantum theory*, London: Routledge and Kegan Paul, 1993, p.2.

方程所描述的经典场所不同，它完全是一种无源场，或者说量子场依赖于粒子的存在形式。这种依赖性意味着，现有的量子论是不完备的，它只是更一般的物理学规律在一定有限范围内的一种近似，或者说，更一般的物理学规律将会超越现有的量子论体系。这种做法不是把量子论还原为用经典观念的术语来表述，而是意味着揭示微观对象的新特征。

首先，量子势与量子场的强度无关，仅仅与量子场的形式有关。从经典物理学的观点来看，这种行为似乎是不可思议的。但是，在日常经验的层次上，它却是相当普遍的。玻姆举例说，这就像一艘被无线电波自动导航的轮船一样，无线电波的作用独立于它的强度，而只依赖于它的形式。其基本点是，船靠自己的动力来行驶，但行驶的方向却由无线电波来引导。同样，电子以自己的能量来运动，而量子波的形式引导着电子的能量。这样，在非经典力的作用下，电子在自由空间中的运动不需要总是直线运动，而且波的作用也没有必要随着距离的增加而减少，即使是遥远的环境特征也会对电子的运动产生影响。

其次，对于多体的量子系统而言（例如双体系统），量子势不是像经典势那样依赖于粒子的位置，而是以一种相当复杂的方式，依赖于系统的整个波函数本身，而波函数按照薛定谔方程进行演化。因此，量子势的作用不会随着距离的增加而减少。当两个粒子相距很远时，粒子之间的关联也可以是很强的。所以，在这种系统中，粒子的运动除了同样依赖于远距离的环境特征之外，两个粒子之间还具有远程关联性。两个粒子之间存在的这种相关性，被称之为是非定域的。玻姆认为，非定域性是对多体的量子系统进行因果性解释时，所具有的首要的新特征。微观粒子之间的这种非定域的相关性，带来了量子系统中的整体性的新特征。这正是量子论超越任何形式的机械论的主要新特征。

玻姆借助于大量的比喻，论证了微观粒子既具有经典粒子所具有的特征的观点，例如，具有确定的位置与速度，能够沿着连续的轨道进行运动，会受到力的作用等。但是，它又与经典粒子有所不同，始终存在于某种无源场当中，总是与某种量子波联系在一起。或者说，在微观粒子的运动过程中，波成为粒子的一种"高级伙伴"。波对粒子的作用通过信息的引导体现出来。这样，在量子论中，整体性概念不再是一种认识论的术语，而是具有了本体论的意义。

玻姆在赋予微观粒子直观的本体论图像之后，进一步对量子测量过程进行了本体论分析，对量子世界与经典世界的关系作出阐述。玻姆认为，人们对世界的第一经验直接地来自人的感知。这种感知包括两个方面，一是与人的外在行为相关的感知；二是与人的内在反应相关的感知。在这个世界中，直接经验开始由人的常识来描述，后来被加工提炼成更精确的经典物理学描述，也就是说在这个世界中，任何事物最终都由彼此独立而发生定域相互作用的结构所构成。没有这样的世界，我们就失去了观察事物的意义，也不能以任何一种有序的方式分配因果性。正是因为如此，人们反对把非定域性、整体性的观念，认为是世界中彼此独立存在的构成部分所具有的特征，是非常自然的，也是可以理解的。

玻姆认为，当物理学家的研究深入到基本的量子世界时就会发现，量子世界拥有着不同的性质。远距离的粒子之间有可能存在着很强的非定域的联系，意味着粒子的运动强烈地依赖于它所处的环境；意味着粒子之间的力与整个系统的波函数有关；意味着测量过程中存在着不可分割的整体性。在量子层次上，粒子的运动依赖于量子势的作用，这种作用在测量的组合系统之间引入了非定域的相互联系，而在大尺度的宏观层次上，由于可以忽略量子势的作用，从而使经典测量就成为量子测量的一种近似情况。

因此，玻姆假设量子世界构成了比经典世界更基本的实在。由经典理论所描述的经典世界具有相对的自主性。出现自主性意味着，只要能够忽略量子势的作用，被研究领域就能够被看成好像是独立存在的经典世界来讨论。按照这种观点，经典世界实际上是从复杂的量子世界中分离出来的，而量子世界则被看成是经典世界的基础。

在玻姆看来，与测量的经典概念相比，量子层次上的测量与观察，被看作是对整个量子世界的测量与观察，量子测量的过程不再是像经典测量那样，是对被研究对象的客观特性的一种揭示，而是依赖于整个测量域境的量子现象的呈现过程。这种现象呈现的过程，就像生长中的植物与它的种子之间的关系一样，植物的好坏，既与种子的质量有关，也与生长环境有关。同样，在微观层次上，微观粒子的某些特性的呈现也是与测量域境相关的一种共生现象。相比之下，经典测量是在忽略不计量子效应的前提下，在大尺度系统中所进行的测量。或者说，在大尺度的宏观系统中，忽略量子效应，意味着忽略量子势对客体的影响，忽略测量过程中被观察客体与测量仪器之间的相互作用。正是在这种意义上，可以说量子测量比经典测量揭示了更深层次的实在本质。

玻姆为更好地解释他的这种非定域的量子论的本体论，进一步用"系统"这一术语来表达他的观点，并由此确立了一种更具有普遍应用价值的系统论的思维方式。

五、系统论的思维方式

玻姆把每一个系统都看成是由亚系统组成的。亚系统组成系统，系统再组成超系统。这样，他提出在物理学中处理问题的一种标准方式是确立描述的三个层次：

亚系统中的量和相互关系独立于由它构成的系统和超系统。玻姆认为，在量子力学的意义上，虽然我们不能把量子系统分解成部分，因而不进行这种系统分层的分析，但是区分出系统的三个层次仍然是有意义的。其作用不是为构成的部分提供一种分析，而是作为一种描述的基础。这种区分是一种方便的抽象，在每一种情况下，它都适用于物理事实的实际内容。但玻姆强调说，既没有最终的亚系统集合，也没有构成整个宇宙的最终的超系统。相反，每个亚系统只是一个相对固定的描述基础。比如，原子原来被看成是整个实在的绝对的和最终的构成部分，后来发现，它只是相对稳定的单元，是由原子核和核外电子组成的，原子核又由质子和中子组成。"基本粒子"也只是相对稳定的单元，可能是由像部分子（parton）那样更微小的元素构成的。玻姆的观点不是建议在这种可能事实的基础上，相反他建议从宇宙的不可分割的整体性出发，探索一种新的物理实在观。断言部分是独立存在的任何企图都否定了这种不可分割的整体性。

玻姆的这种划分并不是根据系统的空间大小来进行的，他的这种分层描述并不一定意味着亚系统总在空间上小于作为一个整体的系统，相反在有限的讨论语境中，所描述的亚系统只有相对稳定的和可能的依赖行为。例如，一块晶体能够被描述为是一个相互作用的原子系统，但也能被描述为是一个相互作用的自然振荡（声波）的系统。在后一种描述中，亚系统是自然振荡。在空间上，与作为一个整体的系统是共存的，但从函数上看，自然振荡具有相对稳定的运动和有可能独立的行为，因此允许它们被看成是作为一个整体的晶体的亚系统。

玻姆强调，对于超系统来说，也是如此。不能把系统的相互关系看成是独立于超系统的。量子测量过程便是一例，如果我们把粒子看成是"被观察的系统"，那么我们就不能适当地理解粒子间的相互关系，只能在由实验仪器设置的包括被观察对象在内的整个实验语境中来理解，这种实验情境就是一个超系统。玻姆的这种观点与玻尔的观点相类似，强调实验条件形式和实验结果的内容的整体性，但玻尔强调必须用经典语言与经典概念来描述实验，这与他的整体性思想是矛盾的。玻姆认为，运用超系统、系统、亚系统的方法为这种整体性提供了一种可直观想象的描述，从而放弃了不得不只用经典概念描述物理学实验的观念。这样，在宏观层次上无论观察到什么都只是一个相对稳定的系统，亚系统的相互关系可能依赖于作为一个整体的系统的态，从而在物理学的内容和描述形式方面都具有不可分割的整体性。

在这种描述中，形式的整体性与内容的完备性是相容的，不仅因为亚系统被看成是由亚亚系统（subsubsystems）构成的，也因为超系统最终也被看成是依赖于超超系统（supersupersystems）。这种描述形式在大尺度上是开放的。如果我们假定，存在着最终容易辨认的超系统（例如整个宇宙），那么，就会漏掉观察者，而打破这种整体性，意指把观察者和宇宙看成是两个独立存在的分离系统。因此，这两头的描述都是开放的，超系统和亚系统最终都会被合并到一个未知的整体性的宇宙中，每一个层次都为描述的内容作出了不可还原的贡献。玻姆举例说，我们在描述由氦原子构成的超流时，不能把这还原为氦原子，因为这些原子之间的相互作用是由整体系统的态决定的。同样，氦原子是由核外电子和原子核组成的，但它们的行为又依赖于作为整体的氦原子。如果基本粒子有更微小的结构，那么，更微小结构的行为又依赖于作为整体的基本粒子。因此，玻姆认为，理论内容的不完备性是形式上的整体性所要求的。形式上完整的理论好比是能以无数种方式生长的一粒种子，在语境中找到自己，生长出与其环境相协调的植物，最终形成了一个整体。显然，生长出什么样的植物并不仅是种子本身事先决定了的。同样，任何一个声称内容完备的理论一定不能被合并到未知的整体性中，因而产生了形式上的分裂。

玻姆倡导的这种系统论的思维方式与本书最后一章将要阐述的语境论思想是一致的。这种思维方式也具有普遍性，可以超越物理学的范围应用到其他学科中，比如在社会学中，个人可以被看成是构成一个社会群体的亚系统，社会群体依次是超系统（更大的社会组织）的一个部分，两个人之间的关系主要依赖于他们所在的社会群体。同样，人体内两个细胞之间的相互作用依赖于它们所附属的整个器官的状态，最终依赖于作为一个整体的有机体的状态。玻姆认为，他提出的这种整体的思维方式，一方面可以用来理解广泛的直接经验，即不仅可以用来理解物理学定律，也可以用来理解生物、社会和心理学问题。因此，我们能通过普遍的思想秩序来理解整个世界，从而排除了分裂物理学与其他生命的来源；另一方面还有可能延伸到相对论的语境中，运用量子势并不携带信号的假设，避免对非定域性的超光速解释。这部分相关内容在前面已经有所阐述。

六、思想是一个体系

在斯坦福大学工作时期，玻姆曾与神经科学家卡尔·普利贝拉姆合作，参与了对大脑功能全息模型的早期研究。在研究中，玻姆发现大脑的运作形式可能遵循量子数学原理，和全息图十分相似，这使他受益匪浅，也为他之后对心灵和思想的研究埋下了伏笔。

在学术生涯的后期，玻姆开始迈入社会科学和量子心灵领域，反思一些人类思想、社会矛盾和人与自然关系的问题。他将当前人类所面临的许多问题归结为思想的问题，并对人类思想的本质进行了一些分析。这些分析在《思想是一种体系》一书中体现出来。玻姆在这本书中指出，他用"思想"这个词表示整个体系，包括思想、感受、身体以及分享思想的社会整体——这些都在一个过程之内。对于玻姆而言，不要把这些方面割裂开非常关键，因为它们是同一个过程；别人的想法会变成他的想法，他的想法也会变成别人的想法。

因此把这一整套东西分别看成是他的思想、你的思想、他的感觉、你的感觉、这些感觉、那些感觉，这种角度是错误的，会误导我们。玻姆认为，从现代语言习惯来讲，思想造就的是一个体系。体系意味着存在一套彼此相关联的事物或构成整体的各部分。但如今人们使用这个词的通常含义是一样事物的所有组成部分是彼此互相依存的，而且相互依存的不仅是它们之间的互动，它们各自的意义和存在也只有相互依存才能产生。如一个公司，公司的组织就是一个系统，公司里有这个部门，那个部门等。但它们单独存在并无任何意义，它们必须联合起来运作。身体也是一个系统，社会在某种意义上也是一个系统。这样的例子还有很多。

与此相类似，思想也是一个体系。这一体系不仅包括思想、感觉和情感，还包括身体的状态，乃至包括了整个人类社会——因为思想在人与人之间不断地来回传递，而这一过程自古一直演化至今。一个体系是不断在经历发展、变化、演变和结构调整的，尽管体系中的某些特征会变得相对固定，我们把这样比较固定的部分称为结构。然而，思想一直在演化，我们无法说出这整个的结构是从何时开始的。随着文明的演进，思想的结构也有了很大的发展。也许在文明建立起来之前，只有非常简单的思想，现在这一体系已经变得非常复杂而又多分支，并且其中的不和谐也远多于过去。

在玻姆看来，如果这一思想体系中存在一个"系统性错误"，不是这里或那里有个错误，而是错误遍布整个体系，也就是说，错误既无处不在，但又不在某个地方。你可能说，"这里有个问题，我要把思想带到这里来解决这个问题"。然而，你的思想也是这系统的一部分，你的思想具有的错误与你试图纠正的错误是一样的，或者说起码是相似的。思想持续用这种方式创造问题，然后，再试图去解决问题。当思想试图如此去解决问题的时候，却使问题变得更糟。因为它没有注意到，正是它自己创造出这些问题，思想越是深入，创造出的问题就越多。①

玻姆这些见解是值得我们深思的。玻姆的中国学生、湖南师范大学物理系的洪定国教授评价说，玻姆以他反潮流的大无畏精神和严谨求实的科学态度，向玻尔创立的量子力学正统观点提出了挑战。

◎图7-5　玻姆与印度哲学家克里希那穆提交谈

① David Bohm, *Thought as a System*, London: Routledge, 1994, pp.18-20.

第八章

量子场论的开创者
——狄拉克

LIANGZICHANGLUN DE KAICHUANGZHE

——DELAKE

量子理论的开创性发展得益于一位英国的著名理论物理学家保罗·狄拉克，他常被称为是"理论学家中的理论学家"，以其沉默少言的性格而被人熟知。他一生致力于量子理论的发展，不仅证明了波动力学与矩阵力学的等价性，提出表象变换理论，实现了矩阵力学与波动力学的有机统一，而且在 1928 年考虑到电子运动的

相对论效应，率先建立了相对论性量子力学，提出了狄拉克方程，完成了量子力学与狭义相对论的第一次融合。狄拉克方程是物理学中无法忽视的一个公式，它预言了反物质的存在，促进了粒子物理、高能物理的发展，并且为电磁理论发展到量子电动力学作出了重要的贡献，还为建立量子场论奠定了基础。狄拉克被誉为"科学界的莫扎特"，只不过他的"曲谱"是用数学语言谱写的。那么，他是如何用数学音符去证明波与粒子的内在统一性，又是如何在数学逻辑的思考下建立方程，预言了磁单极子与反物质的存在，电磁场又是如何被量子化的呢？对这些问题的回答构成了本章的主要内容。

◎图 8-1 狄拉克

一、沉默的惊世学者

1902 年 8 月，狄拉克出生在英国布里斯托城的一个普通家庭。他做法语教师的父亲极为严苛并且具有极强的控制欲，这使狄拉克经历了一段心酸的法语学习过程。他与父亲的交流必须用法语，而当狄拉克发现总是难以用法语表达清楚自己的想法，又不能用英语沟通时就只能保持沉默。压抑的家庭氛围让他无比痛苦，以至于在 1935 年他的父亲去世时，狄拉克写道："我觉得现在自由多了。"[1] 幼时的创伤伴随了狄拉克一生，但他的沉默寡言也成为一段传奇。

1918 年，狄拉克跳级完成了中学课程，虽然他本人对科学饱含热情，但在父亲的要求下还是选择进入了布里斯托大学电气工程专业。工程培训令狄拉克受益

---

[1] P. Adrien, M. Dirac, *Reminiscences About a Great Physicist*, Cambridge University Press, 1990, p.3

匪浅，也教会了他容忍数学中的近似值，正如他后来所说："以前，我感兴趣的只是完全精确的方程，但我所接受的工程学训练切实教会了我容许近似。我能够看到，即便是以近似为基础的理论，也会具有惊人的美……如果没有这些来自工程学的训练，或许我在后来的研究工作中就不会获得任何成功……一个纯粹的数学家如果想把他所有的工作都建立在绝对精确的基础上，他不太可能在物理上走得很远。"①三年后，狄拉克以一等荣誉学位毕业，却很遗憾没能找到工程师的工作。由于当时英国经济萧条，狄拉克就业前景惨淡，所以他选择了接受回到母校免费学习两年数学的邀请。

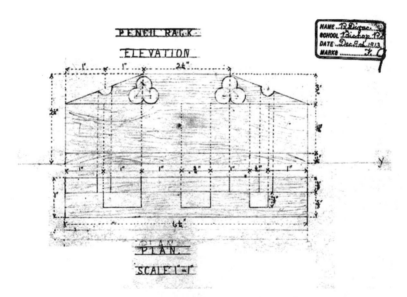

◎图 8-2　保罗·狄拉克在布里斯托主教路学校的技术绘图作业
上面的日期为 1913 年 12 月 9 日②

　　1923 年 10 月，狄拉克在拿到学位与政府补助金之后，他终于以博士生的身份去到剑桥进修，成为拉尔夫·福勒的学生，也正是在他那里狄拉克第一次了解到了卢瑟福和玻尔的原子模型。起初，狄拉克认为原子是"一种假想的东西"，根本不

① P. Adrien, M. Dirac, *Reminiscences About a Great Physicist*, Cambridge University Press, 1990, p.3

② ［英］格列姆·法米罗. 量子怪杰：保罗·狄拉克传［M］. 兰梅译. 重庆：重庆大学出版社，2015：290.

值得他操心。[①] 但很快他就改变想法，并参与到探索原子的定态轨道中来，使他产生这一转变的原因是对玻尔的原子模型的质疑，他认为即便是考虑了索末菲条件，玻尔的原子模型依然无法解释一些实验结果。

随着量子力学理论体系不断扩充发展完善，逐渐产生了两种形式。一种是由海森堡、玻恩和约丹一同建立的矩阵力学，用以原子跃迁光谱的频率和谱线的相对强度；而另一种则是薛定谔受德布罗意物质波的启发，结合哈密顿力学与量子化思想，提出描述微观粒子的波函数，所建立的波动力学。两种不同形式的数学体系引起了极大的争论，而狄拉克接下来所做的工作就是用他惊艳绝伦的"数学音符"将两个看似完全对立的理论统一完善起来，从而发展了量子力学。

除此之外，狄拉克还从理论上预言了正电子和磁单极子的存在，打开了反物质世界的大门，他在量子场论尤其是量子电动力学方面也做出了奠基性的贡献，扩展了量子力学的板块。狄拉克以其在量子力学领域的巨大贡献而成为一位沉默的惊世学者。狄拉克特别注重思想的独立性，特别是在科研生活的后期，每当有年轻学者遇到科研中奇怪的现象或者难以抉择跟他通话时，狄拉克总会坚决地打断谈话并回复："我认为，人们应该研究自己的想法"，[②] 然后挂断电话。

◎图 8-3　狄拉克站在黑板前讲解物理[③]

---

① H. Kragh, "Paul Dirac: A quantum genius", in Harmon and Mitton (Eds.), *Cambridge Scientific Minds*, Cambridge: Cambridge University Press 2002, pp. 240-252.

② 敖犀晨、格雷厄·法密罗. 科学独行客：保罗·狄拉克［J］. 世界科学，2010，2：45.

③ 转自维基百科，P. A. M. Dirac at the blackboard. jpg.

二、从 q 数理论到 δ 函数

1925 年春天，狄拉克的导师福勒寄来一封信，信件内容是海森堡即将发表的论文的清样副本。论文的引言是海森堡自己对其理论宗旨的总结："本文试图为量子力学建立一个理论基础，而量子力学只建立在原则上可观察的量与量之间的关系上。"起先狄拉克阅读这篇论文时，觉得内容过于复杂难解，也没有明白论文介绍的突破性进展是什么，便搁置一旁。但在花了两周时间研究后，狄拉克突然意识到"非对易是海森堡提出的最重要的思想。"[1] 海森堡误以为非对易关系即对于两个矩阵 A 和 B，它们之间不满足交换关系，$A \times B \neq B \times A$，是他理论中的漏洞，狄拉克则很敏锐地意识到位置与动量这两个变量不对易才是量子力学的精髓所在，海森堡对非对易关系感到非常陌生，而狄拉克则不然，这个十足的"数学疯子"对诸多数学概念都有理解，像格拉斯曼代数、四元数他都有所涉猎，还对投影几何进行过深入研究，而投影几何也涉及非对易量之间的关系。之后，巧借经典物理中哈密顿方程的泊松括号，狄拉克再次建立了量子力学新形式。哈密顿力学中用广义坐标 p 和 q 广义动量描述物体的运动，而在对哈密顿正则方程处理过程中，为了便于书写，引入了泊松括号，简单说泊松括号就是一种重要运算缩写符号。

在可观察量上狄拉克与海森堡非常有默契地达成了共识，因为对于物质最细小的粒子的图像思维必然会导致物理学家们的误判，狄拉克很清楚这些肉眼无法观察到的粒子是不可能是用普通数字来表示量的，所以他脑海中浮现的并非是这些量所描述的粒子，而是这些量之间的数学关系。于是，狄拉克将泊松括号重新定义为含有普朗克常数的数值，就可以将经典"量子化"为海森堡的矩阵力学。这样"经典"与"量子"两个理论就产生了联系，并在这个基础上建立了一种全新的数学理论，即"q 数"力学。以哈密顿力学为基础，引入海森堡的矩阵理论，这样的结合无疑阐明了量子变量和经典变量之间的关系，因此可以借用经典理论的全部成果来研究量子力学。[2] 从这个理论中，狄拉克推导出了公式：

$$pq-qp=h/2\pi i$$

① Kursunoglu,Wigner,Kursunoglu, *Paul Adrien Maurice Dirac:Reminiscences About a Great Physicist*, Cambridge: Cambridge University Press, 1990, p.5.

② 许敏. 量子理论的巨匠——狄拉克 [J]. 现代物理知识，2003，5：2.

他把不满足交换律即 $A×B \neq B×A$ 的量称为"q 数"，满足交换律 $A×B = B×A$ 的量称为"c 数"，而理论的关键就在于区分 q 数和 c 数。量子力学与经典物理学不同之处就在于，粒子的位置与动量这两个变量是非对易的，遵循玻恩、约丹、海森堡发现的公式。薛定谔波动方程问世后，狄拉克为了使"q 数"理论适用于薛定谔方程，他又使用了自己发明的函数建立了变换理论，这种变换以形式上极为简洁、数学上极为完美的方式表示了量子力学。狄拉克的描述看似远离实在世界，但他确实操纵着抽象的符号，做出了最具体的预测。用爱丁顿的话说："令人着迷的是，随着推演过程的进展，这些符号会导出真实的数字。"[1]

至此，狄拉克统一了矩阵力学和波动力学这两种不同的量子力学形式。变换理论中同时也为不确定性原理提供了理论基础。严格来说，狄拉克使用的函数并不严谨，仅被看作某一函数序列的极限，尽管如此，仍然可以将函数应用到量子力学之中，而不会产生错误结果。[2] 如上所述，狄拉克在大学时期学会了容忍近似值，这也使他取得了斐然的成就，这种特点在他的其余理论中也都能见到。顺带一提，近似值是物理学对自然理解的一种方式，也是启蒙初学者的"金钥匙"。

1926 年 6 月，狄拉克以一篇名为"量子力学"的论文取得了博士学位，论文中不仅讨论了一般算符的对易式，还将量子力学与统计力学联系起来，阐述了费米－狄拉克统计。同年 9 月，博士毕业的狄拉克前往哥本哈根，变换理论也正是在这里提出。在狄拉克的变换理论中，量子力学描述的是代表量子态的矢量在多维希尔伯特空间中旋转行为的规律，如果在这个空间中选取不同的正则坐标，就会出现不同的"表象"，这些表象既可以是薛

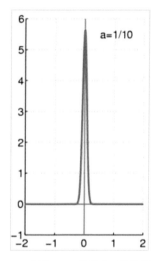

◎图 8-4 狄拉克 δ 函数是以零为中心的正态分布 $\delta_a(x) = \dfrac{1}{a\sqrt{\pi}} e^{-x^2/a^2}$ 随 $a \rightarrow 0$ 的极限[3]

[1] A. Eddington，"The Nature of the Physical World" in *Gifford Lectures delivered at the University of Edinburgh, in January to March 1927*, Cambridge:Cambridge University Press. 1928. p.210.

[2] Kursunoglu,Wigner,Kursunoglu, *Paul Adrien Maurice Dirac: Reminiscences About a Great Physicist,* Cambridge: Cambridge University Press, 1990, p.7.

[3] 转自维基百科，Oleg Alexandrov，Dirac function approximation. gif.

定谔的波动方程，也可以变换为海森堡的矩阵代数，两个理论不仅互相等价，而且都是这个更普遍的变换理论的特定表现形式。正如他在论文中指出："在这个变换理论中，波和粒子有着完美的和谐，以粒子为出发点的表象经过一个哈密顿变换后就能自然地称为波的表象。"这里的表象指的是，在量子力学中对观测物理量的不同描述方式。薛定谔与海森堡的连续与不连续、波与粒子之争最终以被纳入统一个体系而结束。

值得一提的是，在论文写作上，狄拉克与玻尔有着完全相反的风格。玻尔的著作几乎没有数学公式，多以冗长烦琐的句子阐明思想，而狄拉克惜字如金，整篇论文力求完全以数学方程来表达思想，抽象符号代替语言。对于狄拉克而言，抽象符号更能深入事物本质，可以更简洁精炼地表达物理规律。正如奥本海默后来所说的那样，"玻尔看待数学的态度如同狄拉克看待文字的态度。也就是说，数学对于玻尔和文字对于狄拉克，都是获取别人理解的途径，而他们却不需要什么途径去被人理解"。[1] 狄拉克将数学之美作为选择理论物理学前进道路的终极标准，自始至终都以此为原则。

三、相对论性波动方程

狄拉克离开哥本哈根前往哥廷根交流了半年后，最终又回到了剑桥。1928 年他发表了两篇论文，详细阐述了如何将相对论与量子力学统一。理论的关键是一个含有时空坐标的线性微分方程，这正是著名的狄拉克方程，成为引导物理学家进入一个新研究领域的决定性发现。寥寥几笔的狄拉克方程就可以精准地刻画出电子高速运动时的诸多属性以及现象，比如电子的自旋和磁矩，计算结果与实验结果高度吻合，和爱因斯坦的广义相对论方程一样"美妙绝伦"。

1927 年，玻尔提出了互补性原理、海森堡的不确定性关系以及玻恩对薛定谔方程中波函数的概率解释，共同构成了量子力学的哥本哈根解释。量子理论的进展取得巨大突破，特别是玻尔的互补性原理使得量子力学理论一定程度上自洽。量子理论可以很好地描述低速运动的微观粒子问题。但狄拉克认为，薛定谔和海森堡的

---

① ［英］格列姆·法米罗 . 量子怪杰：保罗·狄拉克传［M］. 兰梅译 . 重庆：重庆大学出版社，2015：108.

量子理论仍存有缺陷，因为他们的理论都没有遵守狭义相对论，而是以牛顿的经典力学为出发点。其次相对论在解决微观粒子的波粒二象性时也无能为力。如何将量子力学的方程与爱因斯坦的相对论统一起来，寻找一个基于相对论力学的、更精确的电子方程就成了物理学家的新目标。

在寻找新方程的挑战中，狄拉克非常确信电子可视为一个"质子"，即可视为一个只有质量没有大小的模型，但他百思莫解的是为什么电子会有两个而非一个自旋态，并且玻尔等人给出的备选方程也不尽如人意，这其中也包括被玻尔认为是解决方案的克莱因的方程。为解决这个问题，泡利研究发现，对于量子化的电子轨道必须限制其上电子的数目，只有如此玻尔模型才可以进一步解释复杂原子的跃迁光谱，"泡利不相容原理"正是由此而来。

1926 年，克莱因和戈登为解决薛定谔的波函数不符合相对论而产生的矛盾，就仿照单粒子薛定谔方程，利用对应方式拓展到了相对论的情况，得到了第一个相对论的波动方程即 K–G 方程（克莱因 – 戈登方程），[1] 用以描述自旋为零的粒子。但该方程存在一些问题，如负能量解，如果 K–G 方程波函数的模被解释为概率幅，那波函数平方积分可为正、负或零，概率会小于零，这也是让狄拉克感到荒唐的地方，据此狄拉克认为克莱因的理论是错误的。

为克服 K–G 方程中的负能量解问题，狄拉克的解决思路是抛开复杂的现有问题，找到其背后隐藏的真正物理本质，自上而下地递推负能量解。方程不能凭空猜测，而狄拉克所能做的是去限定、选择该方程理应具备的一些特征，来缩小选项，例如做选择题时的一种排除法，通过重重筛选，最后留下的无论多么奇妙，它都是我们要找的那一个答案。狄拉克在做数学表述之前，需要确定理论的基本原理，其一，要求方程要符合爱因斯坦的狭义相对论并将时间和空间同等对待；其二，方程必须符合他所钟爱的变换理论；其三，当方程描述的电子运行速度和光速相比要慢很多的时候，方程所做的预测必须和普通量子力学所做的预测极其相近，因为普通量子力学已被证实是有价值的。

这些限制条件都非常有用，但可选择的空间依然很大。狄拉克在某种程度上是依靠敏锐的数学直觉，来继续缩小理论的可能性，例如他坚信符合相对论的方程在根本上是简单的，他想很可能方程还跟电子的能量和动量本身有关，而不应该有非

---

① 王长荣、桂金莲. 狄拉克与相对论量子力学［J］. 物理与工程，2007，6：14-18.

常复杂的形式，例如能量的平方根或动量的平方。另一个线索来自他和泡利各自独立发现的使用矩阵描述电子的自旋，每个矩阵包含 4 个数字，分别排列在两行和两列上。

直到 1927 年 11 月底或是 12 月初的时候，狄拉克才偶然发现一个方程，采用上述限制条件最终写下了电磁场作用下的狄拉克方程：

$$\left[\gamma_\mu\left(\frac{\partial}{\partial_{x_\mu}}+ieA^\mu\right)+m\right]\psi=0$$

其中，4 个新的算符，表示电磁场的四维势，表示带电粒子的质量。狄拉克虽然仍像平常一样冷静地像一个修道士，但他早已心潮澎湃，方程既符合相对论又符合量子力学，也能作为相对论量子力学的基本方程，同时方程在时空反演下是协变的，还满足于洛伦兹变换条件。杨振宁先生对该方程的评价是："这个简单的方程是惊天动地的成就，是划时代的里程碑"。[①] 狄拉克方程可谓是闻所未闻、史无前例，因为它不是用薛定谔的波来描述电子，而是用一种新型的波，这种新型的波拥有 4 个相互联系的部分，而每个部分必不可少。狄拉克方程在描述一个粒子时，不仅有电子的质量，而且还有精确的电子自旋，以及磁场，而这些数据都一一被实验所证实。他的方程所描述的电子和实验非常接近。更令人兴奋的是，方程的出现表明量子理论给出的关于粒子的标准描述，不再有必要附加电子的自旋和磁性，因为方程证明如果实验之前没有发现电子的自旋和磁性，那么这些属性是可以用狭义相对论和量子力学预测出来的。

四、打开反物质世界的大门

狄拉克的天分自然无需赘述，与他相处过的同事无不钦佩他那令人嫉妒的数学天赋。对于他写出的狄拉克方程而言，尽管当时大多数物理学家还未能完全理解，但大部分人都知道他做了一件非常了不起的事情。然而，谨慎的海森堡却为此感到担忧。尽管狄拉克方程优雅简洁，但也可能是错误的。因为狄拉克在第一篇论文中，做出了一个关于电子的奇怪预测。首先，能量与时间相同是一个相对值，而不是绝对值。其次，一个电子自由运动的能量——在没有净力作用下——当粒子静止

① 陈泽民 . 基础物理教学的四个理念［J］. 物理与工程，2006，6：4-10.

时，可被定义为零；而当粒子加速时，它的动能值应该总是正数。狄拉克的问题是，他的方程所预测的电子的能量值，除了合理的正值以外，一个自由的电子还有负能量值。

之所以产生这样的问题，是因为他的理论同爱因斯坦的狭义相对论相符合。根据相对论得出一个粒子的能量最普遍的方程是能量的平方，即：如果已知，比如说是 25（使用某个选定的能量单位），那么所得的能量值就可能是 + 5 或 − 5。同样，狄拉克方程所预测的自由电子的能量，就由 2 个分量组成。其中，正能解是我们熟悉的普通电子，而另一种解则预言了一种与电子质量相同但电荷量相反的镜像粒子。它们之间一个重要的区别就在于普通电子带负电，镜像粒子带正电。[①] 按照量子跃迁理论解释，负能态蕴含的能量通常比正能态更低，这样所有正能态的物质都将无休止地向负能态跃迁，最终的结果只能是所有物质解体。[②]

相对论之所以不受影响是因为在经典物理中，当出现负能量值时，人们可以将其舍去，因为能量为负值是毫无意义的。在量子力学的预测中，带正电的电子总是能够与另一个电子碰撞并湮灭，但是还没有人观察到这样的湮灭，因此，狄拉克的方程存在严重的问题。[③] 狄拉克在原始论文中写道："对第二组解 W（能量）为负值而言，在经典物理中可以通过随意舍弃 W 为负的那些解来克服这个困难。在量子理论中则不能这么做，因为一般地说，一个微扰会引起从 W 为正态到 W 为负态的跃迁。……所以这样得到的理论仍然只是一种近似，但它似乎在没有随意假设的情况下，已能足够好地解释所有的两重性现象。"[④]

为了摆脱这种与事实不相符的困境，狄拉克马上想到泡利不相容原理，并于 1930 年提出了著名的"空穴"理论：假设自然界所谓的"真空"并非空无一物，所有的负能态都被电子填满，形成了负能态的电子海，正能态的电子不允许再往下跃迁，这样就保证了原子的稳定性，负能态电子海中电子的能量与动量是不能被观测到的。一旦处于负能态的电子受到激发逸出时，所产生的空穴就类似于一个带正

---

① 王长荣、桂金莲. 狄拉克与相对论量子力学 [J]. 物理与工程，2007，6：14-18.

② 王长荣、桂金莲. 狄拉克与相对论量子力学 [J]. 物理与工程，2007，6：14-18.

③ ［英］格列姆·法米罗. 量子怪杰：保罗·狄拉克传 [M]. 兰梅译. 重庆：重庆大学出版社，2015：139.

④ 维尔切克、丁亦兵、乔从丰、李学潜、沈彭年、任德龙. 量子场论通俗入门——狄拉克的方程游戏（上）[J]. 现代物理知识，2010，2：3-9.

电荷的粒子，它可以通过实验来观测。"空穴"理论表明，"空穴"是一个与电子电性相反的镜像粒子，从而预言了"正电子"的存在。

狄拉克的这一理论，从基本概念来说简直令人难以置信，因为它否定了经典理论上的"能量正定"的基本原则。然而，狄拉克为保持数学推导的逻辑严密性，果敢地保留了负能根。一年后，美国物理学家卡尔·安德逊在实验室意外找到了"正电子"踪影，在实验上证实了狄拉克的"空穴"理论。安德逊也因此而荣获 1936年的诺贝尔物理学奖。正电子的发现再次确证了狄拉克方程的正确性，并且从此打开了人类探索反物质世界的大门。反粒子概念后被拓展到所有粒子，如反质子、反光子、反中子等。

传统观念中光的吸收过程被认为光子是倏逝的。正电子发现后，1932 年费米提出质子也是可以湮灭的，则所有构成物质的粒子都是倏逝的，粒子并不是永恒的，而是可以产生和湮灭，这为量子场论的诞生奠定了基础。反物质的发现是 20世纪物理学中的一项巨大进展，革新了我们关于物质世界的认识，逐渐摒弃旧的时空观，开拓完善了的量子电动力学。量子电动力学描绘出最清晰的电子图像。而电子的性质和行为由于量子电动力学的出现被人们精准预测，这是前所未有的成就，狄拉克再次将量子力学带到了一个新的高度。

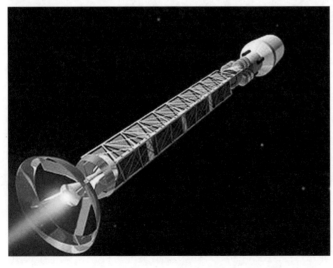

◎图 8-5　想象中用反物质当燃料的反物质火箭[1]

---

[1] 转自维基百科，NASA/MSFC，Antimatter Rocket. jpg.

因为狄拉克和薛定谔在量子力学的基本方程方面的贡献——狄拉克方程和薛定谔方程，他们二人共同获得了 1933 年的诺贝尔物理学奖，海森堡独立获得 1932 年诺贝尔物理学奖，但延期到 1933 年才颁发。下图是狄拉克、海森堡和薛定谔在 1933 年领奖时，在斯德哥尔摩火车站的合影。

◎图 8-6　狄拉克、海森堡和薛定谔在斯德哥尔摩火车站的合影 [1]

五、预言磁单极子

19 世纪，麦克斯韦假定，在交替变化的电场和磁场中，高斯定理依旧成立，变化的磁场可以产生涡旋电场，也极有可能存在变化的电场产生变化的磁场，因此他引入了"位移电流"假设，进一步推导出了麦克斯韦方程组。麦克斯韦方程组展现了电磁现象的本质，描述了一般情况下电荷、电流激发电磁场以及电磁场在时空中传播的本质规律。麦克斯韦方程组说明了电与磁表现出某种对称性，即电场变化

① 转自 AIP Emilio Segrè Visual Archives.

导致磁场变化，磁场变化产生电场变化。另一方面表明，电与磁的对称性是不完全的。磁场是一个矢量场，高斯磁定律表明磁场的散度为零。散度是一个数学名词，描述的是向量场中的一个点是源还是汇，散度为零意味着没有源也没有汇。因此，磁单极子是不存在的。比如，磁棒摔在地上裂成几块，每一块磁体都拥有自己固定的南北极，绝对不会某块磁体只有指北极，某块磁体只有指南极。

　　除此之外，电场的高斯定律告诉我们电场的散度不为零，它与电荷密度成正比。该电荷是电场线可以结束的地方，它形成了它们的源或汇，所以有可以独立的电荷。物理学家对这种情况感到困惑，为什么电荷可以单独存在，而单个磁极却不能，麦克斯韦方程组本身并未表明磁单极子的不存在。因此，总是有一些物理学家尝试从理论上或实验中寻找自由磁单极子的存在，来使得麦克斯韦方程组保持相对性。在电动力学中也仅是为了简化问题，才将"假想"的磁荷引入。

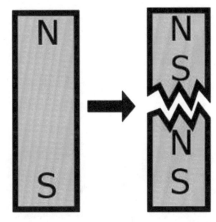

◎图 8-7　绝对无法从磁棒制备出磁单极子[1]

　　1931 年，狄拉克在《电磁场中的量子化奇点》一文中首先从理论上用简洁优美的数学公式对磁单极子的存在做出了预言。他结合电动力学和量子力学，经过一番演绎推导，在理论上得出一种新粒子的存在——磁单极子。如果证实了磁单极子的存在，物理上就可以完美地解释电荷的量子化现象。狄拉克通过仔细研究磁单极子的磁场中电子的运动规律，得到磁单极子磁荷量与电荷的电荷量的关系式为：

$$\frac{qg}{\hbar c} = \frac{n}{2}(n = 1, 2, 3 \ldots)$$

　　这个关系式被称之为狄拉克量子化条件，其中普朗克常量为 $\frac{h}{2\pi}$，c 是光速。狄拉克量子化条件表明任何带点粒子的电荷必须是单位电荷的整数倍，任何带磁粒子的磁电荷必须是单位磁荷的整数倍，所以，磁荷与电荷的不连续性解决了"电荷量子化"难题。当 $n=1$ 时，可以得到最小电荷 q_0 和最小磁荷 g_0 的值，带入公式中

────────────

①转自维基百科，Sbyrnes321，CuttingABarMagnet. svg.

可以得知最小磁荷比最小电荷要大的多，这是磁单极子的一个重要特性。这意味着异性磁荷之间的吸引力比异性电荷之间吸引力要强得多，必须在很强的外力作用下，才可以把成对的异性磁荷分开。[①] 狄拉克认为，这就可以解释为什么自然界中电子早已发现而磁单极子却难以找到。

遗憾的是，当狄拉克从理论上预言了磁单极子的存在后，而且又有许多物理学家在理论的不同方面进行了补充完善，但实验上仍然未取得实质性进展，一些反对者批评狄拉克所谓"预言"这个字眼有点言过其实了。甚至狄拉克本人到了晚年也不相信磁单极子的存在了。1981 年他在致阿布杜斯·萨拉姆的信中说："至今我已经是属于那些不相信磁单极子存在之列的人了。"

六、量子场论的诞生

在理论物理学中，量子场论将量子力学、狭义相对论原理和概念融入经典场论中，它又是一套全新且自洽的概念或者说工具。根据量子场论，微观世界的粒子被看作各种场上的激发态，从而也就意味着场被量子化了。

量子场论（简称 QFT）的创立，可以追溯到 1927 年，狄拉克的《描述辐射的发射和吸收的量子理论》一文。在这篇文章里，他自创了"量子电动力学（简称 QED）"这个名字，作为量子场论的第一部分。理论的核心部分则是狄拉克提供的一种"操作"，用于将物理量离散性的量子现象特征从粒子的量子力学处理转移到相应的场中处理，例如狄拉克利用谐振子的量子力学理论描述了光子如何在电磁辐射场的量子化中出现。后来，狄拉克首创的这种"操作"也成为其他领域量子化的模型。

量子电动力学是量子场论的入门基础，其主要依赖于两个方法，第一是电磁场的量子化。电磁场量子化，也就是二次量子化。"二次量子化"的想法可以追溯到约丹，但这种表达却是狄拉克自创的。一些涉及对易关系、统计以及洛伦兹不变性的问题也都可以被解决。第二就是电子的相对论理论，其核心就是狄拉克方程。

20 世纪 20 年代，电磁场作为唯一已知的场，人们很快地将量子化应用于空间中电磁交替传播的电磁场。1925 和 1926 年两年间，海森堡、玻恩以及约丹将电

---

① 叶禹卿. 磁单极子浅析［J］. 北京教育学院学报：自然科学版，2006，1：5.

磁场正则量子化为一组量子谐振子，建立了自由电磁场量子化的量子理论。但是，他们的理论中并未涉及量子化电磁场与粒子的相互作用。狄拉克考虑到了辐射场与原子中的带电粒子存在相互作用，利用微扰理论处理这些相互作用耦合项，成功地对当时理论无法描绘的自发发射现象给出解释。根据量子力学的不确定性原理，量子谐振子处于时刻振动的状态中，即便处于最低能量态，但位置是不确定的，时刻振动，否则我们会得到一个动能无限大的量子谐振子。所以，在真空中量子化的电磁场真空态，即最低能量态，仍旧保持振动。这样一来，狄拉克的理论对于原子的电磁辐射与吸收作出了合理解释。

◎图 8-8　狄拉克（站在靠近门口位置）1928 年 10 月 12 日出席在俄国喀山举行的一次会议 ①

　　1928 年，狄拉克在给出了考虑相对论效应情况下的狄拉克方程后，完美解释了相对论性电子与光子之间的相互作用。尽管狄拉克方程解释了当时遇到的很多无法准确描述的现象，但这一理论却有着诸多问题。例如，负能量态如何理解？难道

① ［英］格列姆·法米罗 . 量子怪杰：保罗·狄拉克传［M］. 兰梅译 . 重庆：重庆大学出版社，
2015.

所有原子都不稳定，需要通过辐射从普通态跃迁至负能量态？答案显然是否定的，原子结构是很稳定的。

如前所述，狄拉克始终坚信，一定存在某种质量相同但电荷量相反的粒子与电子，这样就顺理成章地解决了方程解中负能量态问题；其次狄拉克的正电子假想理论，满足了原子的稳定结构；另一方面这是人类首次提出了反物质的物理概念。而在量子场论中，狄拉克相信只要能够吸收足够大的能量比如吸收光子的能量，再释放就会产生一对镜像粒子——正电子和电子；相反，电子和正电子互相湮灭进而产生光子。然而在当时，正电子被物理学家看作是处于无限电子海中的几处空穴，由此总结狄拉克理论为所谓的"空穴理论"。其实在同年物理学家已经发现了正电子的踪影。1932 年 8 月 2 日，卡尔·安德森在宇宙射线中发现了一些异常的粒子轨迹，正式宣布正电子的存在。在之后的近百年里，量子场论经历多次起伏更迭，终于在重整化程序和费曼图方法出现之后，形成了目前科技前沿的一套很完善的量子场论。

七、追求数学美

纵观自然科学史，物理学和数学的发展几乎一直密不可分：有些数学理论的建立依赖于物理学问题的提出与解决，有些数学工具只能在物理学中找到实际应用场景，这也是"数学物理方法"学科诞生的由来。在理论物理迅猛发展的 20 世纪，我们可以看到许多物理学巨匠的背后都有着数学大师的身影，例如爱因斯坦在创立广义相对论时，囿于自身数学水平，便曾求助于大学时期的同窗，数学家马塞尔·格罗斯曼。在众多物理学家中，狄拉克是非常特殊的一位，这不仅因为他自身数学功底深厚，对数学工具的使用炉火纯青，更因为对物理学中的"数学美"的追求，即"自然法则应该用优美的方程去描述"是他研究的核心信念。

1955 年，狄拉克在莫斯科大学演讲时，曾被问及他的物理哲学是怎么样的，他在黑板上写下了这样一行字作为回答："一个物理定律必须具有数学美。"[1] 数学美，或者说由这一概念所延伸的科学美学并非虚无缥缈、不可捉摸。科学美学不仅

---

[1] R. H. Dalitz, "Paul Adrien Maurice Dirac: 8 August 1902–20 October 1984", *Biographical Memoirs of Fellows of the Royal Society*, Vol. 17 No. 30 ,1986, pp.139–185.

仅在于外部表现出来的科学定理、法则的简洁、和谐与对称之美，也在于其所揭示的自然界内部的和谐、有序以及统一之美。因此，许多和狄拉克抱有类似信念的科学家都认为，美的理论往往更接近于自然界的真实，美和真是统一的。

在这种信念的驱使下，狄拉克取得了众多成就：他以极度简洁的狄拉克公式完成了波动力学和矩阵力学在数学层面的统一；预言了与负电子对称的正电子；提出了试图将微观与宇观统一的大数假说。但从另一方面讲，这个信念也曾一度阻碍过狄拉克的脚步：基于对数学美的要求，狄拉克不能接受使用重整化的方式去解决量子场论的无穷发散（这种方法在当时用于解决量子电动力学在某些计算中所得到的无穷大结果与物理系统的矛盾），这使他在晚年的研究逐渐偏离主流。

以数学美为标准来评价和判断科学理论的正确与否，无疑是十分困难的。狄拉克曾被玻尔称赞为"拥有最纯粹的灵魂的物理学家"，他的文字也曾得到杨振宁"秋水文章不染尘"的赞誉，或许只有他那样纯粹的灵魂，才能跳出对物理意义的烦恼，转而追求方程的美丽。与之相比，狄拉克的科学方法——"从纯粹的数学出发去构造物理学"显然更具备现实意义。

狄拉克曾这样描述过自己的理论："目前物理学面临着需要解决的基本问题，比如量子力学的相对论形式以及原子核的本质等。这些问题的解决可能要求我们对基

◎图8-9　位于西敏寺的狄拉克纪念石板，上头刻有狄拉克方程[1]

本概念做出前所未有的激烈修正。这些变化会令人们直接把实验数据形式化为数学语言从而获取必要的新思想的理智能力。因此，未来的理论工作者将不得不以更加非直接的方式前进。目前可以做到的最有力的方法是运用纯数学的所有资源来完善和推广理论物理的数学形式，数学形式构成了理论物理学存在的基础。在这个方向上取得每一个成功之后，再去尝试用物理学实体的语言来解释这些新的数学特

---

① 转自维基百科，Stanislav Kozlovskiy，Dirac's commemorative marker. jpg.

征。"① 这个方法不仅促成了狄拉克自身的成功，更是物理学推开量子场论新大门的钥匙，深刻影响了 20 世纪后半叶的科学发展。狄拉克去世之后，为纪念狄拉克在理论物理学中作出的卓越贡献，威斯敏斯特教堂特为其立有一块纪念碑。

在 20 世纪的众多物理学巨匠中，狄拉克在科学哲学方面无疑是一个难以效仿的另类存在，他的数学直觉难以复制，时至今日他的美学思想和科学方法仍在科学研究与创新方面对后辈们起着重要的启迪和指导作用。

---

① Dirac, p. m. a. Quantised singularities in the electromagnetic field [J], proc. roy. soc.133., 1931，pp.60-61.

第九章

结束语

JIESHUYU

通过前八章的阐述，我们不难理解，量子理论是物理学家集体智慧的结晶，也是思维方式和概念框架格式塔转换的结果。物理学家在努力解决实验问题的过程中，逐步超越经典物理学的概念框架，共同筑起了宏伟的量子理论大厦，并一起审视量子力学的基础问题，展开了观念之战。这场持久的学术战从一开始就超出了物理学的范围，拓展到了哲学领域。海森堡甚至坦言，所有科学家的工作，不管是有意识的还是无意识的，都以某种哲学看法为基础，特别是以作为进一步发展的可靠根据的特定思想结构为基础。如果没有这种明确的看法，那么观念之间的联系和概念就不可能达到清晰的程度。因此，这种清晰性对科学工作来说是必不可少的。[1]

爱因斯坦则认为，不能任由哲学家进行物理学理论的哲学化——当物理学家相信他们建立起来的基本概念和基本定律的严格体系是毫无疑问的时候，哲学家的哲学化确实是正确的事情；但当物理学家认为物理学本身的基础变得成问题的时候，就像量子力学那样，哲学家的哲学化就未必是不正确的事情。当经验迫使物理学家寻找更新的和更坚固的物理学的理论基础时，他们就不能完全任由哲学家对物理学的基础进行批评性的反思。因为只有物理学家才能更好地知道和更确定地感觉到"鞋子在哪里磨脚"。物理学家在寻找新的物理学基础时，必须力求搞明白，他们运用的概念在多大程度上是合理的和必要的。[2] 玻恩甚至作出了"理论物理学是真正的哲学"这样的断言。[3]

首先，从概念与语言的运用来看，我们的思维总是悬置在语言中，当我们最大限度地扩展已有概念的用法时，并不知道需要在哪里放弃一个概念的传统用法，最终会陷入一种没有意义的情境之中。物理学家在运用经典概念来理解量子理论时就遇到了这种情况。在量子力学创立初期，玻尔提出互补性原理来解释同一个对象在不同测量设置中表现出的粒子性和波动性，后来有人将"互补性原理"同"光速不变原理"相提并论，把它看作是发现了在量子领域内不能同时使

---

① *The Born-Einstein Letters: Correspondence between Albert Einstein and Max and Hedwig Born from 1916 to 1955 with commentaries by Max Born,* Translated by Irene Born, London and Basingstoke: The Macmillan Press LTD, 1971, p.x.

② Albert Einstein, "Physics and Reality", Translation by Jean Piccard, *Journal of the Frankin Institute*, Vol.221, No. 3, 1987, p.349.

③ ［德］M·玻恩. 我的一生和我的观点［M］. 李宝恒译. 北京：商务印书馆，1979：20.

用某些经典概念的事实条件。与此相反，海森堡把在量子领域内坚持使用经典概念和经典思维方式看作是危险的方法，他认为在微观领域内诸如位置、速度、测量、现象等经典概念，已经失去了原先所赋予的意义。如果意识不到这一点，必然会导致无尽的争论。这向我们提出了如何理解经典概念在量子领域内的语用与语义以及适用性等问题。

其次，在量子力学中，薛定谔方程的解与测量结果之间的脱节，造成了两个层次的断裂：一是微观粒子的真实存在情形与理论描述之间的断裂，这使得粒子在测量过程中所起的作用成为不可知的，因而阻断了因果性思维的链条；二是这种不可知的作用与可知的测量结果之间的断裂，使得对测量过程的任何理解都成为蕴含着某种哲学假设的一种解释。在这些解释中，为量子理论增加因果决定论基础的努力始终没有间断过。与此同时，当物理学家只能借助抽象的数学思维来理解诸如量子纠缠等违背常理的现象，同时越来越使数学成为他们的研究向导时，数学家也开始介入量子理论的研究行列，比如，试图通过研究复几何和辛几何之间的镜像现象来验证弦理论的预言。这种数学思维方式的确立和日益远离经验的理论发展，极大地提升了理论物理学研究难度，使数学、物理学与哲学在基本问题上深刻地交织在一起，成为相互支持的盟友，需要彼此促进和共生发展。

再次，自量子力学诞生以来，理论物理学一直沿着量子化道路不断发展，从能量量子化到电磁场的量子化再到时空的量子化，从非相对论量子力学到量子场论再到量子引力理论等。在这个过程中，不仅基本粒子家族越来越庞大，而且它们的特性也越来越独特。但有意思的是，物理学家对微观粒子的定义却还没有达成共识，至今依然歧见并存。从认知上来看，量子理论告诉我们，微观粒子具有宏观粒子所没有的许多新特征，既能可生可灭和相互转化，也无法分辨和不可克隆；不同类型的粒子又具有不同的特征，比如构成物质原材料的费米子满足泡利不相容原理，而传递作用力的玻色子却并非如此，反而全同玻色子更喜欢处于同一个量子态，这种特性奠定了凝聚态物理学的基础，等等。这些现象颠覆了我们关于"物质是无限可分的"直观认识，[1]向我们提出了如何理解微观世界与宏观世界之间的关系问题。

量子论创立者的科学贡献毫无疑问是从 0 到 1 的科学突破，他们当时的所思

---

① 成素梅 . 量子科学哲学：科学与哲学的深度交融［J］. 中国社会科学报，2022，2：22.

所想是人类极其宝贵的财富。美国科学哲学家库恩在 20 世纪 60 年曾对当时在世的第一代量子物理学家进行了口头采访，引导他们回忆当年获得创造性成就的过程与感想。这些现存于玻尔研究所和世界上其他三个地方的影像资料，真实地记录了弥足珍贵的采访现场。虽然在科学史上，创造性的科学贡献并没有通用的方法可循，但是量子论创立者们共同谱写的智慧乐章，却在跳动的音符上，彰显出他们经过潜心钻研所修炼而成的科学直觉的重要价值。